基于超支化聚合物制备
纳米晶体与诱导纳米晶体组装

石云峰◎著

科学技术文献出版社

SCIENTIFIC AND TECHNICAL DOCUMENTATION PRESS

·北京·

图书在版编目（CIP）数据

基于超支化聚合物制备纳米晶体与诱导纳米晶体组装 / 石云峰著. —北京：科学技术文献出版社，2019.10（2020.11重印）

ISBN 978-7-5189-6172-6

Ⅰ.①基… Ⅱ.①石… Ⅲ.①支化—聚合物—应用—晶体—纳米材料—材料制备—研究②支化—聚合物—应用—晶体—纳米材料—组装—研究 Ⅳ.①TB383

中国版本图书馆 CIP 数据核字（2019）第 251222 号

基于超支化聚合物制备纳米晶体与诱导纳米晶体组装

策划编辑：周国臻　　责任编辑：赵　斌　　责任校对：文　浩　　责任出版：张志平

出 版 者	科学技术文献出版社
地 址	北京市复兴路15号　　邮编 100038
编 务 部	（010）58882938，58882087（传真）
发 行 部	（010）58882868，58882870（传真）
邮 购 部	（010）58882873
官 方 网 址	www.stdp.com.cn
发 行 者	科学技术文献出版社发行　全国各地新华书店经销
印 刷 者	北京虎彩文化传播有限公司
版 次	2019 年 10 月第 1 版　2020 年 11 月第 2 次印刷
开 本	710×1000　1/16
字 数	153千
印 张	8.75
书 号	ISBN 978-7-5189-6172-6
定 价	38.00元

前　言

超支化聚合物是一类具有准球形结构的高度支化大分子，具有大量的末端官能团和内部空腔。超支化聚合物结构独特、制备简单，日益受到人们的重视。如今，超支化聚合物的合成、结构表征、功能化改性等技术日趋成熟和完善，超支化聚合物的应用研究方兴未艾。人们在超支化聚合物自组装、药物控制释放、染料封装释放、蛋白质递送、基因转染和分子成像等许多领域进行了广泛的研究，但是超支化聚合物在纳米晶体的合成、封装和组装等领域的应用还有待进一步开发和完善。

本书在综合前人有关超支化聚合物工作的基础上，在超支化聚合物的功能化方面做了一些新的探索和研究。基于本课题组有关官能团非等活性单体对合成超支化聚合物的策略，我们制备了超支化聚酰胺-胺（HPAMAM），然后对HPAMAM进行化学改性，或者通过非共价相互作用构筑不同类型的纳米反应器，并用于制备CdS量子点和Au、Ag等金属纳米晶体；利用超支化聚乙烯亚胺（HPEI），原位制备了有机-无机纳米杂化磁性非病毒基因载体，并研究了其磁转染性能；合成了棕榈酰氯封端的两亲性超支化聚酰胺-胺（HPAMAM-PC），并考察了HPAMAM-PC对CdTe和Au纳米晶体的封装性能，分别实现了CdTe和Au纳米晶体在水/氯仿界面的自组装。总之，我们制备了一系列无机纳米晶体/超支化聚合物纳米杂化材料，为超支化聚合物和纳米晶体的实际应用提供了重要的研究基础。

本书适用于高等院校高分子化学与物理和材料学专业本科生和研究生，也可供大专、业余大学及科研、生产技术人员参考。

本书的出版得到了2012年度NSFC-河南人才培养联合基金项目"基

于超分子自组装体制备荧光Au纳米点及基因转染应用研究"（项目编号：U1204213）、2013年度国家自然科学青年基金项目"基于叶酸靶向PEG修饰型超支化聚合物制备氧化铁纳米晶体及磁转染应用研究"（项目编号：21304001）、2014年度河南省高校创新人才支持计划项目"基于动态超支化聚合物制备智能CdTe纳米晶体及生物成像应用研究"（项目编号：14HASTIT013）和2019年度河南省重点研发与推广专项（科技攻关）项目"科伦'新型直立式聚丙烯医用输液袋（可立袋®）'国家科技成果转化与产业化"（项目编号：192102310298）的支持。

在撰写成书的艰辛过程中，领导、导师、同学、同事和亲人给予了我大力的支持和帮助。博士导师朱新远和颜德岳教授为本书的出版提供了关键的指导建议。在安阳师范学院化学化工学院关盼军书记、杜记民院长，材料化学教研室的各位同事，以及学校其他部门领导与老师的热情帮助下，本书才得以顺利出版，在此，一并表示真挚的感谢。科学技术文献出版社的周国臻老师等为本书的审校和顺利出版提出了诸多建议，在此表示感谢。由于编者水平所限，本书在内容和文字表达上可能存在错误和不足，敬请专家和读者批评指正。

石云峰

2019年8月

目　录

第一章 绪 论

1.1 引 言

蛋白质、核酸和纤维素等聚合物，是生命体和自然界广泛存在的天然高分子。然而，人类真正意义上的第一例聚合物（酚醛塑料）的合成出现于1909 年。随后，线形聚合物、交联聚合物、树形聚合物和星型聚合物等相继问世，高分子科学也迎来了大发展，像一场聚合物革命席卷了整个世界，聚合物应用于社会的各个角落，给人类带来了巨大的变化。20 世纪 80 年代，在人们追求高强度、高模量、高韧性的线形高分子材料的同时，一种低强度、低模量、低韧性的树形聚合物在 Dupont 公司诞生。由于具有传统线形聚合物所没有的低黏度、高流变性、大量末端官能团等一系列独特的物理化学特性，高度支化聚合物很快成为高分子科学界研究的一个热点，掀起了科学家向这一新兴领域进军的热潮。

树形聚合物包括树枝状聚合物（dendrimer）和超支化聚合物（hyperbranched polymer），它们都具有高度支化的分子结构，如图 1-1 所示。树枝状大分子具有规则的三维球形结构，所有官能团均匀地分布在球形分子的表面，它的分子量呈单一分布，支化度为 1[1-11]。与树枝状聚合物相比，超支化聚合物分子呈不规则的三维准球形结构，分子中包含部分线性结构单元，官能团部分位于分子表面，部分存在于分子内部；超支化聚合物的分子量分布较宽，支化度为 0 到 1[12-14]。虽然超支化聚合物的结构不如树枝状大分子那么完美，但它的物理化学性质与树枝状大分子相似，都具有良好的溶解性、较小的溶液和熔融黏度，具有大量末端官能团和大量的分子内空腔等[12-30]。另外，超支化聚合物还有其自身的优点——合成过程简单，可以通过一步法合成。

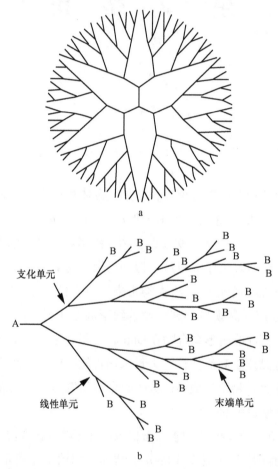

图 1-1　树枝状聚合物（a）和超支化聚合物（b）分子结构示意[14]

Figure 1-1 Scheme for（a）dendrimers and（b）hyperbranched polymers[14]

由于其性能优异、制备简单，超支化聚合物在纳米晶体制备、纳米封装、自组装、基因转染、药物控制释放等许多领域被广泛研究，具有诱人的应用前景。这里的纳米晶体是指特征维度尺寸在纳米量级（1～100 nm），即尺度处于原子簇和宏观物体区域之间的固体材料。纳米晶体特有的表面效应、小尺寸效应、量子尺寸效应和宏观量子隧道效应，使其在力学、电学、磁学、光学、热学等方面的许多性质既不同于原子、分子，又不同于体相材料，因此在宇航、电子、化学、生物和医学等领域都展现出广泛的应用前景。可以想象，以超支化聚合物为模板制备的纳米晶体材料将综合超支化聚合物和纳米晶体的优势，这样的新型有机-无机纳米杂化材料势必具有更为广阔的应用前景。本书对超支化聚合物在无机纳米晶体的制备和组装方面进行了一些探索，结合相关工作，我们对有关超支化聚合物和无机纳米晶体的合成、应用等方面的研究进展概述如下。

1.2 超支化聚合物

1.2.1 超支化聚合物的合成

20 多年来，人们对超支化聚合物做了大量的研究，新的合成方法不断出现。根据所用单体类型主要可以分为两大类[14]：一是单单体法（single-monomer methodology，SMM），即利用 AB_n 型或潜在的 AB_n 型单体进行聚合，如 Kim 和 Webster[18, 31]提出的 AB_n 型单体缩聚法、Fréchet 等[32]报道的自缩合乙烯基聚合法（self-condensing vinyl polymerization，SCVP）、Suzuki 和 Frey 等[33-35]报道的开环聚合法（self-condensing ring-opening polymerization，SCROP）和质子转移聚合法（proton-transfer polymerization，PTP）；二是双单体法（double-monomer methodology，DMM），即采用两种单体或一对单体对进行聚合，如 Kakimoto 和 Fréchet 等[36-37]报道的"$A_2 + B_3$"型单体聚合法，Yan 等[14]报道的"$A_2 + BB'_2$，$A_2 + CB_n$，$AB + CD_n$，$A^* + B_n$，$AA^* + B_2$，$A_2 + B_2 + BB'_2$"非等活性单体对聚合法（couple-monomer methodology，CMM）及 van Benthem 等[38]报道的"$A^* + CB_2$"型 CMM 法等。

1.2.1.1 单单体法

根据反应机制，单单体法又可分为 AB_n 型单体缩聚法、自缩合乙烯基聚合法、开环聚合法和质子转移聚合法。

（1）AB_n 型单体缩聚法

超支化聚合物最常用的合成方法是 Flory 提出的 AB_n（$n \geqslant 2$）型单体缩聚法。这是合成超支化聚合物最常用的方法。与线形缩聚反应的原理相似，只是所用的单体类型不同。目前已用该方法合成出一系列超支化大分子，如聚酯、聚醚、聚酰胺、聚氨酯、聚醚酮、聚碳酸酯、聚硅烷等[39]。一般情况下，为了获得高分子量的产品，AB_n 型单体需要满足以下基本条件：①官能团 A 与 B 在催化剂存在或经过活化后应该具有足够高的相互反应性，但自身之间不发生反应；②A 和 B 的反应活性不会随着反应的进行而降低；③发生环化等副反应的概率要低[40]。

（2）自缩合乙烯基聚合法

自缩合乙烯基聚合的单体是一类 AB 型单体，其中，A 含有一个乙烯基，B 是引发基团。官能团 B 被激活后形成引发剂单体（inimer），用 AB^* 表示。在自缩合乙烯基聚合反应的链引发过程中，一个引发剂单体中的活性中心和另一个引发剂单体中的双键加成，形成二聚体（dimer）。每个二聚体中也有一个双键和两个活性中心（一个引发点和一个增长点）。它进一步聚合，产生超支化聚合物。其合成原理如图 1-2 所示。

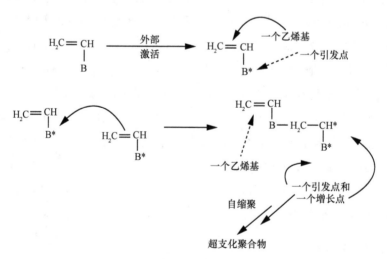

图 1-2　自缩合乙烯基聚合法合成超支化聚合物示意[32]

Figure 1-2 Scheme of the self condensing vinyl polymerization（SCVP）[32]

（3）开环聚合法

开环聚合法是在自缩合乙烯基聚合法基础上发展起来的。1992年，Suzuki等[33]报道了环氨基甲酸酯的聚合，首先提出了多支化开环反应聚合，单体自身不具备支化点，通过链增长产生支化点，因此，可认为是潜在的AB_n型单体。Sunder等[34]以缩水甘油为单体，以用甲醇钾部分去质子化的三羟甲基丙烷为引发剂，实现了阴离子聚合，得到端羟基的脂肪族超支化聚醚，如图1-3所示。

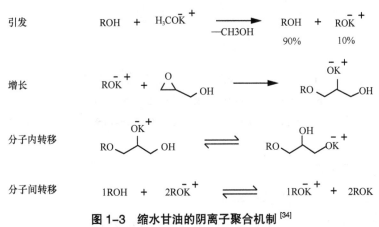

图1-3 缩水甘油的阴离子聚合机制[34]

Figure 1-3 Mechanism of the anionic polymerization of glycidol[34]

（4）质子转移聚合法

1999年，Fréchet等[35]报道了质子转移聚合法，该聚合法合成超支化聚合物的机制如图1-4所示。从概念上讲，质子转移聚合法是一个酸碱控制的反应，单体/中间体的亲核性和碱性在反应中起着非常重要的作用。单体应该是含酸性质子的AB_2单体$H-AB_2$（Ⅰ），碱作为引发剂从单体上夺取质子，形成活性亲核中心$A-B_2$（Ⅱ），Ⅱ快速加成到另一个单体的B基团上，在二聚体上产生一个阴离子Ⅲ，中间体Ⅲ的亲核性比Ⅱ小，经过快速的热力学驱动，与另一个单体进行质子交换，代替亲核加成，这将产生一个新的亲核中间体Ⅱ和惰性二聚体Ⅳ，活性B基团增长成分子Ⅴ，从而保证形成超支化聚合产物。

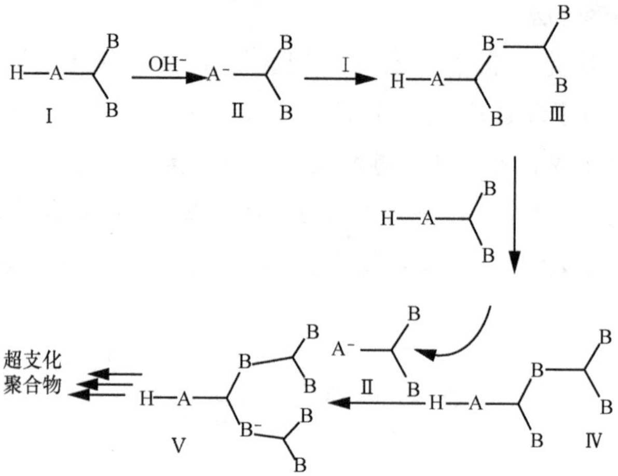

图 1-4 质子转移聚合法合成超支化聚合物示意[35]

Figure 1-4 Scheme illustration for the synthesis of

hyperbranched polymers by PTP method[35]

1.2.1.2 双单体法

（1）"$A_2 + B_3$"型单体聚合法

商品化 A_2 和 B_3 型单体可以直接缩聚来制备超支化聚合物。Kakimoto 等[36] 和 Fréchet 等[37] 最先报道了通过"A_2+B_3"型单体聚合分别制备了超支化芳香聚酰胺和聚醚等。但是，"A_2+B_3"型单体直接聚合容易导致凝胶，尤其是在单体浓度较高、反应温度较高的情况下，凝胶无法控制。因此，这种方法需要解决的关键问题是如何避免凝胶，得到可溶性的三维大分子。为了避免凝胶，反应必须在单体浓度较低或缓慢加入单体的条件下进行，或者通过沉淀法或加入封端剂在凝胶点之前终止反应来实现。这一缺点大大限制了"A_2+B_3"型单体聚合法在大规模制备超支化聚合物方面的应用。

（2）非等活性单体对聚合法

由于采用"A_2+B_3"型单体进行缩聚易发生凝胶，要制备得到超支化聚合物，必须将反应程度控制在凝胶点之前。然而，聚合体系的凝胶点受多种因素制约，如官能团的比例、反应时间、反应温度等，使得临界反应程度较难控制。为了避免"A_2+B_3"缩聚反应中的凝胶化，基于官能团非等活性原理，Yan等[14]利用 A_2 型单体和BB'$_2$ 型单体制备得到了超支化聚合物（图 1-5）。其中，官能团A与B的反应速率大于官能团A与B'的反应速率。因此，在聚合反应初期，A_2 单体和BB'$_2$ 单体首先反应生成AB'$_2$ 型中间体，然后进一步缩合，最终生成超支化聚合物而避免凝胶。利用该方法已成功合成了超支化聚砜胺、聚酯胺、聚氨酯、聚酯等。

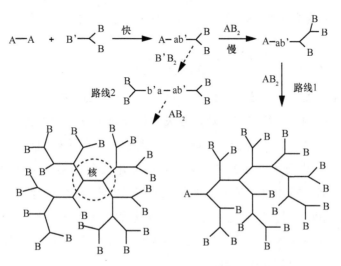

图 1-5　A_2+ BB'$_2$ 法合成超支化聚合物示意[14]

Figure 1-5　Scheme for the synthesis of hyperbranched
polymer via A_2+BB'$_2$ approach[14]

1.2.2　超支化聚合物的表征

表征超支化聚合物的主要参数有聚合物结构单元、支化度、分子量及分子量分布、黏度、热性能等。由于超支化聚合物的结构与线形聚合物有很大的不同，因此，许多用于线形聚合物的表征技术难以适应超支化聚合物表征的需要。

1.2.2.1　结构单元和支化度

超支化聚合物一般由支化单元（D）、末端单元（T）和线性单元（L）组成。其支化度（DB）定义为支化单元和末端单元所占的摩尔分数，是表达超支化

聚合物结构特征的关键参数。Hawker等[16]提出了超支化聚合物支化度的计算公式:

$$DB = \frac{\sum D + \sum T}{\sum D + \sum T + \sum L}。 \tag{1-1}$$

公式（1-1）只适用于较高分子量的超支化聚合物，当聚合物的分子量较小时，其端基的影响不可忽略。Yan等[41]对公式（1-1）进行了修正：

$$DB = \frac{2\sum D}{\sum D + \sum T + \sum L - N}。 \tag{1-2}$$

当分子量很大时，公式（1-2）与公式（1-1）趋于相等。

支化度的测定一般采用核磁共振法。由Fréchet等[16]首先提出，此法要先合成出几种与超支化聚合物中各单元结构类似的小分子模型化合物，由模型化合物的核磁共振（NMR）谱图来确定超支化聚合物NMR谱中各结构单元的归属，由各结构单元相应峰的面积积分值来求出支化度；然而，对于某些NMR谱图难以辨别的超支化聚合物，其支化度难以被有效测定。Yan等[42]采用二维核磁来确定超支化聚合物 ^{13}C NMR谱中各结构单元的归属，进一步通过积分面积计算得到支化度值。

1.2.2.2　分子量及分子量分布

超支化聚合物的分子量及分子量分布的表征，一般来说相对较困难。目前，超支化聚合物的分子量一般采用以线性聚苯乙烯为标样的凝胶渗透色谱法（GPC）测定，其测得的超支化聚合物分子量并不精确。超支化聚合物的流体力学半径小于相同分子量的线形聚合物，故一般而言，GPC测定的分子量偏低。

为了得到较为准确的超支化聚合物分子量，人们采用了一些新的方法。经常采用的就是光散射法[16]。多角激光光散射（multiangle laser light scattering, MALLS）较小角激光光散射（low-angle laser light scattering, LALLS）具有更多优点，其对杂质不很敏感，可得到分子大小及分子量分布信息。此外，基质辅助激光脱附电离飞行时间质谱（matrix-assisted laser desorption ionization time-of-flight, MALDI-TOF）也被用于测定超支化聚合物分子量，其测定结果与理论分子量十分接近，能够比较精确地反映超支化聚合物的实际分子量。

超支化聚合物的其他性能可采用传统的表征方法，如用示差扫描量热法（DSC）来表征玻璃化转变温度（T_g），用热失重分析（TGA）来表征热稳定性或热分解温度（T_d）。玻璃化转变温度和热分解温度与超支化聚合物的末端官能团的极性和数目、超支化聚合物的分子量及分子量分布等因素有关。

1.2.3 超支化聚合物的应用

1.2.3.1 超支化聚合物在无机纳米晶体制备中的应用

超支化聚合物的应用与其分子结构和形态特征息息相关。三维立体的球状分子形态创造了独特的分子内部纳米级空穴，可以螯合包裹有机小分子、金属或无机盐离子，或者作为小分子反应的催化活性点。与树枝状聚合物相比，超支化聚合物没有树枝状聚合物刚性强，具有一定的柔韧性，超支化聚合物比树枝状聚合物在上述领域的应用更具有优势。

2000 年，Frey 等[43]报道了两亲性超支化聚合物在制备纳米金属团簇和过渡金属催化剂方面的应用，成功地将过渡金属 Pd 封装入超支化聚合物中。他们将 $PdCl_2$ 溶在两亲性超支化聚甘油的甲苯或氯仿等非极性有机溶剂的溶液中，得到一种含有金属盐不溶物的黄色溶液，然后通入氢气还原得到金属 Pd 粒子。他们认为，金属团簇的尺寸依赖于超支化聚合物的分子量，并证明了作为催化剂时胶束的高活性和稳定性。这是两亲性超支化聚合物在制备纳米金属胶体及过渡金属催化剂方面的首次报道。

2002 年，Frey 等[44]报道了两亲性超支化聚甘油纳米胶囊对 Pt 螯合物的封装行为，并指出，微胶束中能容纳的螯合物的最大数量与超支化聚合物的分子量及螯合的官能度有关；嵌入超支化聚合物中的 Pt 螯合物在双键 Michael 加成反应中具有催化活性，但是活性比自由的螯合物要低，如图 1-6 所示。

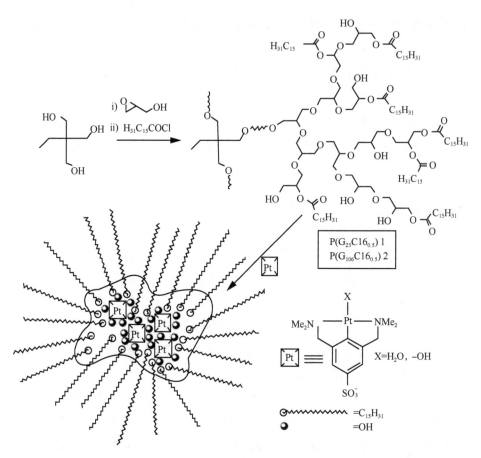

图 1-6 用于封装 Pt 螯合物的超支化聚合物的分子结构合成及其封装示意[44]

Figure 1-6　Molecular nanocapsule synthesis，structure，and noncovalent

encapsulation of Platinum pincer complexes in the hydrophilic interior[44]

2002 年，Tiller 等[45]利用两亲性的酰胺化超支化聚乙烯亚胺（PEI）制备了具有抗菌作用的 Ag 纳米晶体，并研究了其抗菌性能，如图 1-7 所示。

2004 年，Pérignon 等[46]报道了利用等分子量的超支化聚酰胺-胺（PAMAM）和树枝状聚酰胺-胺来合成 Au 纳米晶体（图 1-8）。研究发现，超支化聚酰胺-胺能够容纳更多的 $AuCl_4^-$，从而产生更多的 Au 粒子。他们指出，这是由于树枝状聚合物结构过于规整、刚性大、离子不容易进入聚合物空腔造成的。

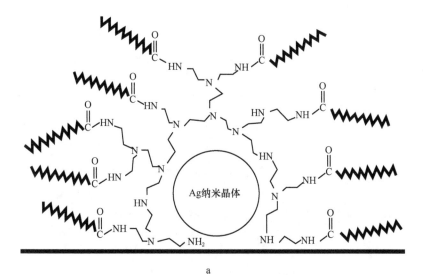

a

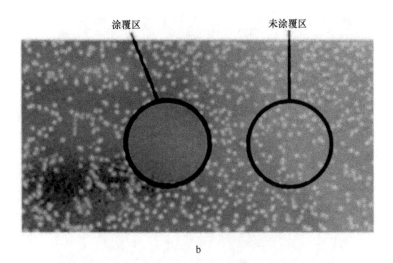

涂覆区　　　　　　　未涂覆区

b

图 1-7　在玻片表面形成的封装有 Ag 纳米粒子的改性超支化 PEI 结构式（a）及玻片

表面涂覆有 Ag 纳米粒子 / 聚合物的抑菌效果（b）[45]

Figure 1-7　（a）Proposed structure of polymer-encapsulated silver nanoparticles on

a substrate surface，（b）Bacteria growth on glass slide partially coated with silver

nanoparticle-PEI-am hybrids[45]

图 1-8　PAMAM 合成（a）和 PAMAM 稳定的 Au 纳米晶体的 TEM 照片（b）[46]

Figure 1-8　（a）Scheme for the synthesis of PAMAM，（b）TEM micrograph of
PAMAM stabilized gold nanocrystals[46]

Yan等[47]报道了以超支化聚酰胺－胺作为稳定剂和还原剂制备了Ag和Au纳米晶体，该制备途径简便有效，所得到的聚合物/金属纳米晶体复合物对多种细菌和真菌具有优良的抗菌效果。

Plank等[48]利用超支化聚乙烯亚胺和羧酸锂阴离子含氟表面活性剂形成的胶束制备了Fe_3O_4纳米晶体。所得产物作为磁性非病毒基因载体，其磁转染效率是PEI标准转染的数百倍。

1.2.3.2 超支化聚合物的超分子封装

具有两亲性核壳型结构的超支化聚合物，可以成功地将不溶于氯仿等有机溶剂的水溶性小分子染料捕捉到聚合物的孔穴中，实现对小分子染料的装载。目前用于装载小分子的超支化聚合物主要有超支化聚甘油、聚乙烯亚胺、聚酰胺－胺和聚砜胺等。

1999年，Frey等人[34]以超支化聚甘油为核制备了亲水核疏水臂的两亲性超支化聚合物，并用于封装亲水性客体分子。用疏水性的烷基链进行部分封端改性后，聚合物分子内部仍然保持高度的亲水性，内部的羟基就给亲水性客体分子在亲油性溶剂中提供了溶剂化的环境，使所得的两亲性超支化聚甘油可以成功地将有机染料分子从水相转移到聚合物氯仿溶液中，实现超支化聚合物对小分子的封装。

Haag等[49]用长链烷基酮对超支化聚甘油和超支化聚乙烯亚胺进行改性，得到pH响应的核壳型两亲性超支化聚合物，可以封装刚果红（congo red）等。在pH大于7的情况下，封装了刚果红的超支化聚甘油体系很稳定，当加入酸将体系pH调节到酸性时，聚合物外壳断裂，刚果红释放出，这样就实现了对染料等分子的封装与控制释放，如图1-9所示。

Yan等[50]以两亲性核壳型超支化聚酰胺－胺为主体，研究了其对染料的单封装和双封装行为，发现这种主体对客体的超分子封装行为具有可逆释放与重复封装的性质，当两种客体同时存在时，具有协同或竞争两种相互作用。

1.2.3.3 超支化聚合物在自组装中的应用

超分子自组装（supramolecular self-assembly）是指分子间通过氢键、范德华力、疏水作用力、静电作用力、π-π相互作用等非共价键相互作用，自发

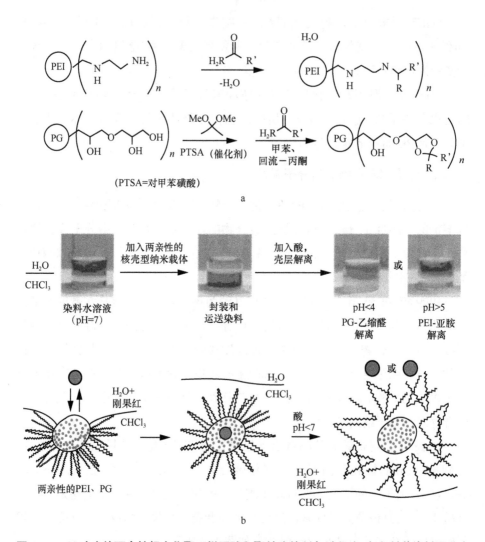

图 1-9　pH 响应的两亲性超支化聚乙烯亚胺和聚甘油的制备过程（a）和封装染料及改变
pH 后外壳断裂染料释放到水相中的过程（b）示意[49]

Figure 1-9　General synthetic routes for the generation of amphiphilic core-shell architectures（a）and encapsulation and transportation of polar guest molecules with dendritic nanocarriers into the organic phase，（b）cleavage of the shell leads to the release of the encapsulated guest back to the aqueous phase.Congo red（pH indicator: pH 4-5）was used as a model compound for the demonstration of the pH-dependent shell cleavage[49]

组合形成具有一定结构和功能的聚集体或超分子结构的过程[51-54]。整个过程由较弱的、可逆的非共价相互作用驱动，自组装体系的结构稳定性和完整性也是靠这些非共价相互作用来保持的。

近年来，分子自组装在制备新型材料方面已经显示出独一无二的优越性，它是目前用来制造纳米材料的最方便、最实用的途径之一，特别对于制造结构规则的功能材料，如纳米微球、纳米薄膜、纳米介孔材料、纳米管、液晶等。到目前为止，分子自组装已有众多的研究分支，如有机小分子自组装（主要包括表面活性剂和脂质体）[55]、无机分子自组装[56]、无机/有机杂化自组装[57]、聚合物自组装[58]等。对于聚合物自组装，之前都是研究线形嵌段共聚物、星型共聚物和树枝状聚合物等结构规整的聚合物。对于结构不规则的聚合物，如超支化聚合物，通过分子间作用力聚集成结构规整且具有特殊形貌的自组装体具有一定的难度，因此对结构不规则聚合物的自组装行为的研究少见报道。近几年出现了超支化聚合物超分子自组装的报道[59-66]，表明超支化聚合物与线形嵌段共聚物和树枝状聚合物相比，虽然结构不够规整、不够完美，却表现出与线形嵌段共聚物和树枝状聚合物类似的组装性能，也可以组装成多种形状规整的超分子组装体，如带状管子[59]、囊泡[60-61]、胶束[62]、纤维[63-64]、薄膜[65]、水凝胶[66]等。目前超支化聚合物的超分子自组装主要是在液体/空气、固体/空气、固体/液体界面或溶液中进行自组装。根据形成组装体的介质（环境）不同，可以将超支化聚合物的自组装分为界面自组装和溶液自组装等。

2003 年，Barner-Kowollik 等[67]以超支化聚酯为核，用 RAFT 法合成了星型共聚物（polystyrene-core-polyester）（$M_n = 28\ 900$ g/mol），将这种共聚物的二硫化碳溶液涂在 0 ℃下的固体基底上，得到了具有多孔结构的自组装膜（图 1-10a），孔径约 1.5 μm。当用分子量较小的聚合物时，形成的孔规整性变差。

Yan 等[68]以两亲性超支化聚酰胺-胺为原料，通过控制空气湿度、浓度等在石英片、硅片或玻璃片表面自组装，制得了具有规则蜂窝状形貌的超支化聚合物多孔薄膜，孔径为 5 ～ 6 μm（图 1-10b）。进一步封装染料，制备了染料/超支化聚合物复合物的蜂窝状多孔薄膜。

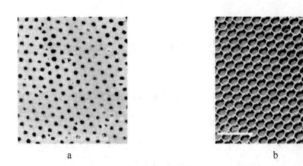

图 1-10　以超支化聚酯为核的星型共聚物（a）和两亲性超支化聚酰胺 – 胺（b）分别制备的自组装膜 SEM 图 [67-68]

Figure 1-10　SEM images of the self-assembled film prepared from（a）polystyrene-core-polyester and（b）amphiphilic hyperbranched polyamidoamine[67-68]

　　超支化聚合物还可以在溶液中自组装形成形状规整的超分子聚集体。Yan 等[59]采用一种新型的两亲性超支化多臂共聚物（HBPO-star-PEO）在丙酮中进行自组装，得到了一种具有规则结构的厘米长度、毫米直径的宏观多壁螺旋管（图 1-11a），实现了宏观分子自组装。这项研究引起了分子自组装研究者对不规则聚合物自组装的重视，同时也把分子自组装扩展到了宏观尺度。随后，Yan 等[60]还用这种聚合物在水中组装得到直径为 5 ～ 200 μm 的巨型囊泡（图 1-11b），囊泡的尺寸可通过聚环氧乙烷的聚合度加以调节。

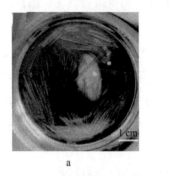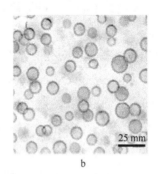

图 1-11　用超支化多臂共聚物制备的宏观自组装管子的数码照片（a）[59]及囊泡的显微镜照片（b）[60]

Figure 1-11　Digital camera photo of the macroscopic molecular self-assembly tubes（a）[59] and optical micrographs of vesicles from the HBPO-star-PEO multi-arm copolymer（b）[60]

1.2.3.4 超支化聚合物在生物医学中的应用

由于支化的结构和大量的内部空腔，超支化聚合物可以用于缓慢或可控的药物释放系统。常用的方法是将药物通过共价或非共价相互作用接在聚合物的表面，或者以两亲性的超支化聚合物将药物封装在聚合物内部[69-70]。阳离子型超支化聚合物，如聚乙烯亚胺、聚酰胺–胺等也可作为非病毒基因载体用于基因转染[48, 71-72]，这些聚合物的胺基等基团能够通过静电相互作用压缩DNA，在形成纳米复合物后，这种基因载体不仅能保护DNA免于降解，而且能协助DNA顺利通过细胞膜。

1.3 无机纳米晶体

从广义上讲，纳米晶体是指至少一维小于 100 nm 的纳米材料。当材料的尺寸降低到纳米级后，其表面电子结构和晶体结构发生变化，产生了普通颗粒所不具有的表面效应、小尺寸效应、量子尺寸效应及宏观量子隧道效应，从而使纳米材料与常规材料相比较具有一系列优异的物理化学性质。

（1）表面效应

表面效应是指纳米粒子的表面原子与总原子数之比随纳米粒子尺寸的减小而急剧增大后引起性质上的变化。纳米粒子尺寸小、表面积大、界面多。随着粒径的减小，纳米粒子的表面原子数迅速增加，原子配位不足，表面能也迅速增大，这导致了纳米粒子表面有很多的缺陷。表面原子所处的环境与内部原子不同，表面原子周围缺少相邻的原子，有许多悬空键，表面能及表面结合能很大，易与其他原子相结合而稳定下来，因而具有很大的化学活性。这种表面状态不但会引起纳米粒子表面原子输运和构型的变化，同时也会引起表面电子自旋构象和电子能谱的变化[73]。

（2）小尺寸效应

当粒子的尺寸与光波波长、德布罗意波长及超导态的相干长度或透射深度等物理特征尺寸相当或更小时，晶体周期性的边界条件将被破坏，非晶态纳米微粒的颗粒表面层附近原子密度减小，导致声、光、电、磁、热、力学等特性均随尺寸减小而发生显著变化。例如，光吸收显著增加并产生吸收峰的等离子共振频移，磁有序态变为磁无序态，超导相向正常态转变，声子发生改变等[73]。

（3）量子尺寸效应

当粒子尺寸降至某一值时，费米能级附近的电子能级由准连续能级变为离散能级的现象和纳米半导体微粒存在不连续的最高占据分子轨道和最低未被占据分子轨道能级变宽的现象，均称为量子尺寸效应。纳米粒子的量子尺寸效应表现在光学吸收光谱上则是其吸收特性从没有结构的宽谱带过渡到具有结构的分立谱带，即纳米粒子的吸收光谱发生蓝移[74]。

（4）宏观量子隧道效应

微观粒子具有贯穿势垒的能力称为隧道效应。人们发现，纳米粒子的一些宏观性质，如磁化强度、量子相干器件中的磁通量及电荷等亦具有隧道效应，它们可以穿越宏观系统的势垒而产生变化，故称为宏观量子隧道效应。用此概念可以定性解释镍的纳米粒子在低温下继续保持超顺磁性[74]。

1.3.1 量子点

1.3.1.1 量子点的基本性质

量子点（quantum dots，QDs）是准零维的纳米材料，又称为半导体纳米微晶体（semiconductor nanocrystals），是一种由Ⅱ-Ⅵ族、Ⅲ-Ⅴ族或Ⅳ-Ⅵ族元素组成的纳米晶体[75]（表1-1）。量子点必须至少有一维尺度显示出量子限域效应，对于CdS、CdSe、CdTe、ZnS、ZnSe等Ⅱ-Ⅵ族量子点的一维至少要小于6 nm、11 nm、15 nm、4.4 nm、9 nm[76]。

量子点具有优异的发光性能，如尺寸可调的荧光发射、窄且对称的发射光谱、宽且连续的吸收光谱、极好的光稳定性。通过调节量子点的尺寸，可以获得不同的发射波长。窄且对称的荧光发射光谱使量子点成为一种理想的多色标记的材料。由于宽且连续的吸收光谱，用一个激光源就可以同时激发一系列波长不同的荧光量子点。量子点良好的光稳定性使它能够很好地应用于组织成像等[77]。

表1-1 几种不同的量子点[75]

Table 1-1 Classification of QDs[75]

族	量子点
II‑VI	MgS、MgSe、MgTe、CaS、CaSe、CaTe、SrS、SrSe、SrTe、BaS、BaSe、BaTe、ZnO、ZnS、ZnSe、ZnTe、CdS、CdSe、CdTe、HgS、HgSe
III‑V	GaAs、InGaAs、InP、InAs
IV‑VI	PbS、PbSe、PbTe

1.3.1.2 量子点的制备

目前，制备具有高发光效率量子点的方法主要是金属有机化学法和水相合成法，两种方法均是采用小分子作为稳定剂来合成量子点。此外，还有聚合物模板法、生物矿化和生物模板法、乳液法等。

（1）金属有机化学法

金属有机化学法是最常用的一种合成半导体纳米粒子的胶体化学方法，已广泛用于 II‑VI 族和 III‑V 族半导体粒子的合成。该方法通常是在无水无氧的条件下，利用金属有机化合物，在具有配位性质的有机溶剂环境中得到纳米晶体，即将反应前体注入高沸点的表面活性剂中，通过反应温度来控制微粒的成核与生长过程[78-79]。Murray等[80]首次提出了使用有机金属法合成量子点，即通过有机金属前驱体Cd（CH_3）$_2$和S、Se、Te等前驱体在三辛基氧膦（TOPO）溶剂中反应，直接合成高质量的CdE（E=S，Se，Te）量子点。然而，由于Cd（CH_3）$_2$非常容易爆炸，使这一合成变得比较危险。Peng等[81]提出了使用更加绿色的CdO代替Cd（CH_3）$_2$来制备高质量的量子点。金属有机化学法制备的纳米粒子具有结晶性好、尺寸均一（相对标准偏差*RSD*<5%）、粒径可调、种类多、易修饰等优点；缺点是试剂成本高、毒性较大、条件苛刻、步骤复杂。

（2）水相合成法

CdE（E=S，Se，Te）量子点可以使用多聚磷酸盐或巯基小分子化合物为配体在水相中直接合成。Spanhel等[82]以（$NaPO_3$）$_6$为稳定剂通过表面包覆Cd（OH）$_2$制备了高荧光的CdS量子点。Rogach等[83]在水溶液中用巯基为稳定剂制备 CdTe 量子点，通过选择性沉淀和选择性刻蚀，量子产率可达到 40%（图 1-12）。巯基化合物，如巯基乙酸（TGA）、巯基己胺（MA）、巯基丙酸（MPA）和巯基乙醇等均被用于合成量子点，其中，巯基丙酸是目前应用最广泛的[83-88]。Bao 等[87]以巯基为稳定基在水溶液中合成 CdTe 量子点，经日光光照后，量子产率最高可达到 80%。Ren 等[88]以巯基丙酸作为稳定剂在较低的 pH 下制备了高达 67%的 CdTe 量子点。

与金属有机化学法相比，水相合成法更加廉价、绿色、简单。该方法具有很好的重复性，可以大量合成高质量的量子点，而且制备的量子点可以直接应用于生物体系。然而，这种方法合成的量子点（除了 CdTe 和 HgTe 以外）发光性能较差，通常需要光活化等后处理方法来提高量子产率。

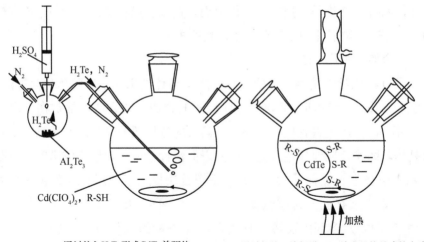

a 通过注入 H₂Te 形成 CdTe 前驱体　　　b 通过加热回流促进 CdTe 纳米晶体的成核和生长

图 1-12　合成巯基化合物包覆的 CdTe 量子点示意 [83]

Figure 1-12　Schematic presentation of the synthesis of thiol-capped CdTe QDs[83]
（a）Formation of CdTe precursors by introducing H₂Te gas，（b）Formation and growth of CdTe nanocrystals promoted by reflux[83]

（3）聚合物模板法

嵌段聚合物[89]和支化聚合物[90-91]等是常用来合成 CdS 量子点的模板。Qi 等[89]报道了利用双亲水性的 PEI-PEG 嵌段聚合物制备 CdS 量子点。Crooks 等[90]用第四、第六、第八代端基为羟基的树枝状聚合物作为纳米反应器分别制备

了 1.3 nm、1.8 nm 和 2.3 nm 的 CdS 量子点。

（4）生物矿化和生物模板法

生物体的细胞中有很多小单元适合纳米粒子的生长。Dameron 等[92]用镉盐培养假丝酵母时得到谷胱甘肽包覆的 CdS 量子点。利用生物组织矿化得到生物化的纳米粒子是设计纳米材料很有前途的方法之一。

1.3.1.3 量子点的应用

量子点广泛应用在电子和光电设备领域，如发光二极管、太阳能电池、传感器、光催化、光电化学、非线性光学材料等，目前最主要的研究方向是其生物医学领域的应用。生物学上，量子点可以用于细胞成像、免疫分析、DNA 杂交、光动力治疗、荧光共振能量转移和药物输送载体等。

量子点作为一种新型的荧光染料与普通的有机染料相比具有以下几大优势：①量子点的激发光谱范围宽，发射光谱范围较窄且呈对称分布。单一光源可同时激发不同尺寸的量子点而发出不同颜色的光，从而实现生物分子的多组分检测；而不同染料分子的荧光探针则需多个激发波长，难以实现多个荧光探针同时使用。量子点的发射光谱为对称高斯分布，而荧光染料峰形为对数正态分布，而且又有红移拖尾。②量子点的发射波长可通过控制它的尺寸大小和组成来"调谐"，如紫外蓝光（ZnS、ZnSe）、可见光（CdS、CdSe、CdTe）、近红外光（CdS/HgS/CdS、InP、InAs）。③与有机染料相比，量子点光化学稳定性高，不容易光漂白。

1998 年，Nie 等[93]及 Alivisatos 等[94]分别发表了量子点作为活细胞体系生物探针的论文，打开了量子点在生物领域的应用。Alivisatos 等首次报道了用核壳结构的 CdSe/CdS 量子点作为探针标记 3T3 成纤维细胞，他们将 CdSe/CdS 量子点包裹在 SiO$_2$ 壳内，修饰后的半导体量子点溶于水，可更好地与生物样品相互作用。同年，Nie 等将高量子产率的 CdSe/ZnS 核壳结构的半导体量子点用于生物分子的超灵敏检测，成功地标记了 HeLa 细胞。研究表明，经巯基乙酸修饰的量子点不仅仍具有水溶性和生物相容性，而且产生的荧光强度比有机染料罗丹明高 20 倍、漂白速度低 100 倍、荧光光谱宽度窄 3 倍，明显优于有机染料荧光探针。

1.3.2 铁氧磁纳米晶体

1.3.2.1 磁纳米晶体的基本磁学性质

当磁材料的尺寸到达纳米级后，由于量子尺寸效应、表面效应使它具有区别于体相材料的一些磁特性，如超顺磁性、高矫顽力和低居里温度等。相对于"块体"磁性材料，磁性纳米材料的基本磁学性质可以归纳如下。

（1）超顺磁性

当铁磁性纳米材料的颗粒尺寸小于一定的临界值时，如Fe_3O_4尺寸小于16 nm时，各向异性能减少到可与热运动能比拟，即热扰动使磁畴取向打乱，易磁化方向不再固定，而是做无规律的变化，从而导致顺磁性的发生，此时的顺磁性称为超顺磁性[95-96]。具有超顺磁性的颗粒，矫顽力（H_c）$\rightarrow$ 0。一旦有外磁场的作用，分子磁矩立即沿磁场方向排列，对外显示出磁性；外磁场消失后，立即退磁，几乎没有磁滞现象。

（2）矫顽力

纳米晶体尺寸在高于超顺磁临界尺寸时，通常呈现出具有高的矫顽力的现象。

（3）居里温度

居里温度是物质磁性的重要参数。铁磁性材料的磁化属性与温度有关，微观粒子的热运动，可能打乱磁畴的取向排列，甚至使磁畴解体，这个与材料有关的临界温度，即居里温度（T_c）。一旦材料的温度超过这个温度，铁磁质就变成了顺磁性材料。对于纳米粒子而言，由于小尺寸效应和表面效应而导致纳米粒子内禀磁性的变化，也会使之具有较低的居里温度。

1.3.2.2 铁氧磁纳米晶体的合成

铁氧磁纳米晶体主要是指四氧化三铁（Fe_3O_4, magnetite）和伽马三氧化二铁（$\gamma\text{-}Fe_2O_3$）纳米颗粒。铁氧磁纳米晶体的合成方法很多，主要有化学沉淀法[97]、高温热分解法[98-100]、水热法[101]和模板法[102-104]。此外，还有微乳液法、球磨法、生物矿化法等。除化学沉淀法外，其他方法和量子点的合成方法均比较类似。

（1）化学沉淀法

化学沉淀法是目前制备Fe_3O_4纳米晶体最常用的方法之一。按照不同的化学原理，化学沉淀法又可分为共沉淀法、氧化沉淀法、还原沉淀法。以共沉淀法为例，其反应为多步化学反应过程，二价铁盐和三价铁盐首先在碱性条件下分别生成氢氧化亚铁和氢氧化铁，然后在强碱性（pH ≥ 9）和加热条件下脱水而生成四氧化三铁纳米晶体，其反应式如下：

$$Fe^{2+}+2Fe^{3+}+8OH^- \xrightarrow{N_2} Fe(OH)_2+2Fe(OH)_3 \xrightarrow[\Delta]{N_2} Fe_3O_4+4H_2O。 \qquad （1-3）$$

在N_2保护条件下，二价铁盐和三价铁盐以摩尔比1:2混合，加入过量的氨水或NaOH等，在60～80℃反应数小时，即可制得四氧化三铁纳米晶体[97]。该反应比较简单，但是尺寸控制效果不好。

（2）高温热分解法

高温热分解法是将前驱体［一般为铁的有机化合物，如Fe（CO）$_5$、Fe（CuP）$_3$等］在含有表面活性剂（油酸等）的有机溶剂中高温热解制备Fe_3O_4和v-Fe_2O_3。该方法成核与生长过程分开、纳米晶体尺寸可控、尺寸分布窄、结晶度高[99-100]。与高温热分解法制备量子点类似，这种方法制备的纳米晶体一般只溶于有机溶剂。

（3）水热法

水热法是在密闭的高压釜中进行，采用水或多元醇作为反应介质，反应温度范围为100～230℃，压力从大于0.1 MPa至几十MPa。这种高温高压下制备的磁纳米晶体结晶性好、粒子纯度高、粒径分布窄、分散性好[101]。

（4）模板法

模板法是利用聚合物本身的一些基团，如羧基、胺基等络合铁离子，在通过化学沉淀法合成磁纳米晶体后，聚合物又可以稳定生成磁纳米晶体[48, 102-104]。由于聚合物的包覆，磁纳米晶体不再沉淀出来。

1.3.3.3 铁氧磁纳米晶体的应用

磁纳米晶体具有宏观材料所不具备的一些特殊的性质，如超顺磁性、高矫顽力和低居里温度等。当前磁性纳米材料的研究热点主要是在生物医学领域，如靶向药物载体、磁热疗、细胞筛选分离、磁性共振造影、免疫分析和磁颗粒的放射免疫标记等[105-107]。其主要的生物医学应用列举如下。

（1）核磁共振成像造影（MRI contrast agents）

磁性纳米颗粒可以作为核磁共振（NMR）造影剂。它通过改变组织在核磁共振下的弛豫时间而影响组织的信号强度，提高不同组织在核磁共振成像中的对比度，以便及早发现病变。它比传统造影剂用量少、作用时间长、毒副作用低、成像效果好[108]。磁性纳米材料在临床磁共振成像（magnetic resonance imaging，MRI）中的应用，主要是纳米尺度的超顺磁性氧化铁（superparamagnetic iron oxide，SPIO）粒子在磁共振成像中的应用。

（2）磁热疗（magnetohyperthermia）

磁热疗是利用磁纳米晶体在交变磁场下通过弛豫产生的大量热量来杀死肿瘤细胞[109]。其核心在于磁纳米晶体的精确到位和产生足够的热量。

（3）磁分离（magnetic seperation）

磁分离方法是将磁纳米晶体复合到纳米载体上，在携带目的分子后，并在磁场下快速分离富集。磁纳米晶体已广泛用于DNA[110]、蛋白[111]等生物分子的分离。

（4）磁靶向（magnetic targeting）药物运输

磁纳米晶体和药物载体复合在一起，然后在磁场作用下富集在身体的某个部位集中释放，从而提高药效，并且能够减少不良反应[112]。

（5）磁转染（magnetofection）

磁转染是一种利用磁纳米粒子和基因转染试剂结合后进行基因转染的方法[48, 113-114]。磁转染可大大提高DNA和RNA的转染效率。

1.4 本书的研究目的、主要内容和意义

超支化聚合物分子呈三维准球形结构，具有大量末端官能团和大量的分子内空腔。另外，超支化聚合物的合成比较简单。目前，超支化聚合物的合成和表征等理论研究已经相对成熟，其应用也逐渐兴起。由于其性能优异、制备简单，超支化聚合物在纳米晶体制备、纳米封装、自组装、基因转染、药物释放等许多领域被广泛研究，具有诱人的应用前景。在过去的数年中，本课题组也在超支化聚合物的合成和自组装方面做了大量工作[14, 40-41, 50, 59-60, 62, 68]。另外，

量子点具有优良的光学性质，能够用于制备光电材料和生物标记等，铁氧磁纳米晶体在生物医学领域能用于磁转染、磁靶向、核磁共振成像等。这些无机纳米晶体都具有良好的应用前景。如果能够将超支化聚合物和无机纳米晶体复合，制备的纳米杂化材料将兼具无机纳米晶体和聚合物的优点，这样的材料势必具有更为广阔的应用前景。本课题是在课题组现有研究基础上，进一步扩展超支化聚合物的应用。本书结合高分子科学与纳米科学的发展方向，围绕超支化聚合物在纳米材料领域的应用展开研究，主要内容包含两个方面：一是通过化学改性或非共价相互作用构筑不同类型的功能性超支化聚合物，并以此为模板（纳米反应器）制备无机纳米晶体；二是基于超支化聚合物诱导无机纳米晶体自组装。

本书共分为 7 章，具体内容概括如下。

第一章：绪论。介绍了超支化聚合物和无机纳米晶体的合成、表征方法及应用，重点综述了超支化聚合物在纳米晶体制备中的应用。

第二章：采用端基为甲氧基的超支化聚酰胺－胺（HP-EDAMA3）作为纳米反应器制备 CdS 量子点。

第三章：以两亲性超支化聚酰胺－胺（HPAMAM-PC）单分子胶束作为纳米反应器在两相体系中制备 CdS 量子点。

第四章：采用由棕榈酸（PA）和端基为胺基的超支化聚乙烯亚胺（HPEI）通过静电相互作用构筑的超分子组装胶束制备 CdS 量子点，并实现了 CdS 量子点在水油两相之间的相互转移。

第五章：利用二价铁盐和不同分子量的超支化聚乙烯亚胺原位制备了有机－无机纳米杂化磁性非病毒基因载体，并对该基因载体的磁转染效率进行了研究。

第六章：通过两亲性超支化聚酰胺－胺封装 CdTe 量子点并诱导 CdTe 量子点在水／氯仿两相界面自组装。

第七章：总结与展望。

第二章 以超支化聚合物作为纳米反应器制备无机纳米晶体

2.1 引 言

　　量子点具有独特的取决于尺寸和形态的光电性能[78-88, 115]，人们对于它在光电子学[116-118]、光电设备[119-120]、生物标记[93-94]等方面的应用进行了广泛的研究。如今，量子点的合成、表征和尺寸控制等技术日益成熟[78-79]。TOPO/TOP法[80-81, 85]和硫醇法[83-84, 87-88]是两种常用的制备量子点的方法。不过，两种方法都是采用小分子作为稳定剂制备量子点，所得到的量子点要实现真正的应用，还需要进一步改性、修饰以制备纳米器件和纳米结构材料[121]。此外，还有一种制备量子点的方法，即采用嵌段共聚物[122]、树枝状聚合物[45, 123-124]等作为稳定剂来合成量子点。这种方法简单易行，制备的纳米复合物可以直接用作光电材料等，缺点在于制备的CdS等量子点荧光弱、发射光谱宽。

　　Qi等[122]报道了利用双亲水性的PEI-PEG嵌段聚合物制备CdS量子点。Murphy等[123]在1998年首次报道了可以利用端基为胺基的树枝状聚酰胺–胺（PAMAM）制备CdS纳米簇，该CdS纳米簇尺寸较大且分布较宽。Crooks等[124]随后报道了利用端基为羟基的树枝状PAMAM制备CdS量子点。聚合物首先隔离Cd^{2+}，在与S^{2-}反应后，能够稳定制备的CdS量子点，防止它们发生团聚。支化聚合物表面有大量的官能团，内部有很多的空腔，在溶液中能够以单分子状态稳定生成的纳米晶体，而嵌段聚合物则需要依靠形成多分子聚集体来稳定纳米晶体，因此，支化聚合物与嵌段聚合物相比在合成纳米晶体方面更具有优势。树枝状聚合物是一类具有独特结构和优良性能的高分子，只是其高昂的商品价格和烦琐的合成步骤限制了它的进一步应用。人们用来制备量子点时多采用 3.5 代以上的树枝状聚合物，分子量高，结构较为刚性，能够很好地稳定量子点。与树枝状聚合物相比，超支化聚合物成本较低，合成简单，结构也较为柔顺。本章采用端基为甲氧基的超支化聚酰胺-胺（HP-EDAMA3）作为纳米反应器来制备 CdS 和 Au 纳米晶体。本章所用的超支化聚酰胺-胺，其分子量相对较小，大约相当于二代的树枝状聚酰胺-胺的分子量，但是以此聚合物作为纳米反应器，我们也成功地制备了 CdS 和 Au 纳米晶体。

2.2　实验部分

2.2.1　实验试剂、仪器及设备

实验用化学试剂如表 2-1 所示。

表2-1　实验用化学试剂
Table 2-1　Chemical reagents used in the experiments

中文名	生产厂家	纯度	提纯步骤
甲醇	国药集团化学试剂公司	AR	直接使用
乙醇	国药集团化学试剂公司	AR	直接使用
超纯水	—	Milli-Q	直接使用
丙烯酸甲酯	Aldrich	99%	直接使用
乙二胺	国药集团化学试剂公司	99%	直接使用
氯化镉（$CdCl_2 \cdot 2.5H_2O$）	国药集团化学试剂公司	99%	配制成一定浓度水溶液使用
无水硫化钠	Alfa Asesa	99%	配制成一定浓度水溶液使用
氯金酸四水合物	国药集团化学试剂公司	AR	配制成一定浓度水溶液使用
盐酸	国药集团化学试剂公司	AR	配制成一定浓度水溶液使用

实验仪器及设备如表 2-2 所示。

表2-2　实验仪器及设备

Table 2-2　Apparatus used in the experiments

仪器	型号	生产厂家
磁力搅拌器	85-2型恒温磁力搅拌器	上海司乐仪器有限公司
旋转蒸发仪	RE-5299	巩义市予华仪器有限责任公司
循环水式真空泵	SHZ-D（Ⅲ）型	巩义市予华仪器有限责任公司
旋片式真空泵	2XZ型	上海康嘉真空泵有限公司
真空干燥箱	DZF-6020型	上海精宏实验设备有限公司
电子天平	Mettler Toledo EL104型	梅勒特-托利多仪器（上海）有限公司
电热鼓风干燥箱	101C-3B型	上海市实验仪器总厂
电子节能控温仪	ZnHW-Ⅱ型	巩义市予华仪器有限责任公司
pH计	Mettler Delta 320-S型	梅勒特-托利多仪器（上海）有限公司

2.2.2　端基为酯基的超支化聚酰胺－胺的合成

2.2.2.1　乙二胺－丙烯酸甲酯1:3聚合前体的合成

在 150 mL 单口圆底烧瓶中加入 6.61 g（0.11 mol）的乙二胺，随后加入 5 mL 甲醇，置于磁力搅拌器上的冰盐浴中，磁力搅拌使乙二胺充分溶于甲醇中；用移液管移取 30 mL（28.41 g，0.33 mol）丙烯酸甲酯置于滴液漏斗中，用 20 mL 甲醇稀释，以每秒 1～2 滴的速度往烧瓶中滴加丙烯酸甲酯，滴加完毕后，用 5 mL 甲醇淋洗恒压滴液漏斗并继续滴加到反应体系中，用翻口橡皮塞将反应体系密封好，并置于常温下磁力搅拌反应 48 小时[125]。

2.2.2.2　超支化聚酰胺－胺的合成

将上述乙二胺－丙烯酸甲酯1:3聚合前体反应瓶套在旋转蒸发仪安全瓶上，用循环水式真空泵抽真空，高速旋转（65 r/min），并使水浴锅升温至 60 ℃，反应 1 小时，抽走甲醇；将水浴换成油浴，升温至 100 ℃，在 100 ℃下反应 2 小时；将水泵换成油泵，以提高真空度。体系继续升温至 120 ℃，反应 2 小时，反应体系由几乎无色逐渐转变成浅黄色；然后升温至 140 ℃，继续反应 2 小时，体系颜色逐渐加深，黏度逐渐增大，停止加热，撤去油浴。当体系冷却至常温后，停止旋转，得到一种浅黄色的黏稠物，即超支化聚酰胺－胺[125]。

2.2.3　CdS 量子点的制备

分别配制 3 mg/mL 的超支化聚酰胺-胺水溶液 15 mL 和 1.50×10^{-3} mol/L 的 $CdCl_2 \cdot 2.5H_2O$ 水溶液 5 mL，将两者混合并在室温（20 ℃）条件下磁力搅拌 48 小时。反应完毕后操作如下。

① 取 2 mL 上述溶液（其中含有 0.075×10^{-5} mol Cd^{2+}），通氮气 10 min。然后加入 2 mL 无氧 Na_2S 水溶液（含 0.025×10^{-5} mol S^{2-}），继续通氮气 10 min，然后再反应 1 小时。此反应中 Cd^{2+}/S^2（摩尔比）= 3:1。

② 取 2 mL 上述溶液（其中含有 0.075×10^{-5} mol Cd^{2+}），通氮气 10 min。然后加入 2 mL 无氧 Na_2S 水溶液（含 0.075×10^{-5} mol S^{2-}），继续通氮气 10 min，然后再反应 1 小时。此反应中 Cd^{2+}/S^2（摩尔比）= 1:1。

③ 取 2 mL 上述溶液（其中含有 0.075×10^{-5} mol Cd^{2+}），通氮气 10 min。然后加入 2 mL 无氧 Na_2S 水溶液（含 0.15×10^{-5} mol S^{2-}），继续通氮气 10 min，然后再反应 1 小时。此反应中 Cd^{2+}/S^2（摩尔比）= 1:2。

2.2.4　量子产率的测定

对于能在室温下发光的半导体纳米材料而言，荧光量子产率是衡量其发光能力重要的参数，它指的是荧光物质吸收光后发射出荧光光子的数目（或量子数）与吸收激发光光子的数目（或量子数）的比值。因此，荧光物质的量子产率数值不可能大于 1。量子产率越大，说明荧光物质的荧光越强。用公式表示为：

$$\Phi = \text{发射量子数/吸收量子数}。 \tag{2-1}$$

量子产率的测定方法分为绝对法和相对法两种，绝对法比较烦琐，目前一般采用相对法测定。相对法就是把一种已知量子产率的物质作为测定标准，通过比较待测物质与标准物质的稀溶液在同样条件下测得的校正荧光光谱的积分面积及其在该激发波长下的吸光度，可以求得待测发光物质的量子产率。在实验中，用荧光分光光度计和紫外分光光度计分别测定待测物质与标准物质的发射光谱的积分面积（F）和在激发波长处的吸光度（A），然后求得其量子产率（Φ）[126]：

$$\phi_x = \phi_s \left(\frac{F_x}{F_s} \right) \left(\frac{A_s}{A_x} \right) \left(\frac{\eta_x}{\eta_s} \right)^2 。 \tag{2-2}$$

式中，x和s分别代表待测物质及标准物，η为溶剂的折光率。实验时，荧光标准物的选择和浓度的影响很大，要求标准物和待测物质有相近的激发和发射光谱。对于CdS量子点，选取硫酸奎宁、香豆素等作标准物比较合适；为了防止自身的再吸收等因素，溶液的浓度一般要求比较低，激发波长处的吸光度在 0.05左右，对于CdS量子点，一般要求第一吸收峰或激发波长位置的吸光度在 0.03～0.10。[127]

2.2.5　表征

① ^{1}H NMR 和 ^{1}C NMR 是在 Varian Mercury plus-400 核磁共振仪上测定的，以 CdCl$_3$ 为溶剂。

② 分子量及分子量分布是在 Perkin Elmer Series 200 凝胶渗透色谱仪上测得的，采用 PS 作标样，CHCl$_3$ 为流动相，流速为 1.0 mL/min。

③ 透射电镜（TEM）、选区电子衍射（SAED）和 X 射线能谱（EDS）表征是在 JEOL-2010 型透射电镜上进行的，加速电压为 200 kV。TEM 样品的制备如下：用 1 mL 注射器将数滴 CdS 量子点水溶液滴在覆盖碳膜的铜网上，红外灯烘干，然后测试。

④ 紫外－可见光光谱（UV-Vis）在 Perkin Elmer Lamdba 20/2.0 UV-Vis 光谱仪上进行测试。

⑤ 荧光光谱（PL）是用 Perkin Elmer LS 50B 荧光光谱仪测定的。测试时，激发波长为 340 nm，狭缝宽为 3 nm。

⑥ 傅里叶变换红外光谱（FT-IR）表征：将数滴待测样品水溶液滴入研磨后的溴化钾粉末中，红外灯下烘干。将该样品研磨均匀，压片，然后在 Perkin Elmer Paragon 1000 傅里叶变换红外光谱仪上测定。

⑦ pH 用 Mettler Toledo 公司的 320-S 型 pH 计测定，测量精度为 ±0.02。

2.3　结果与讨论

2.3.1　超支化聚酰胺－胺的合成和表征

本章所用的超支化聚酰胺－胺（HP-EDAMA3）是以商品化的 AB 型单

体丙烯酸甲酯和 C_2 型单体乙二胺为原料，在较温和的条件下，C官能团（胺基）能跟B官能团（双键）反应，这样，反应初期就会生成 AC_2 型聚合前体，该聚合前体在高温低压下进一步发生缩聚反应，脱去甲醇，从而得到超支化聚合物。其具体反应步骤是：第一步，乙二胺的活泼氢与丙烯酸甲酯的双键进行Michael加成，生成（乙二胺－丙烯酸甲酯）聚合前体；第二步，（乙二胺－丙烯酸甲酯）聚合前体进一步缩聚，生成HP-EDAMA3。图 2-1 简要地表达了这一反应过程。

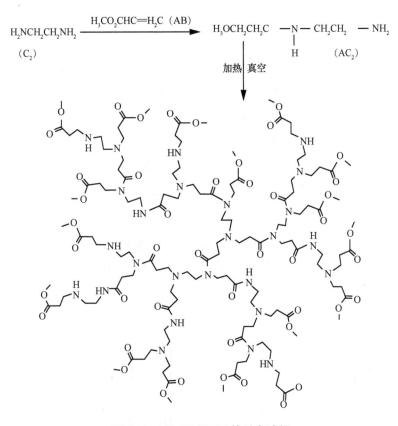

图 2-1　HP-EDAMA3 的反应过程

Figure 2-1　Synthesis process of HP-EDAMA3

用 ^{1}H NMR和 ^{13}C NMR表征了超支化聚合物HP-EDAMA3 的结构，核磁谱图的峰归属如下：^{1}H NMR（400 MHz，CdCl$_3$，298 K）（图 2-2），δ 为 2.27 ～

2.48（N*H*），2.48 ～ 2.65（COC*H₂*），2.65 ～ 2.82（NH₂C*H₂*），2.82 ～ 2.96（NHC*H₂*），3.18 ～ 3.34（NC*H₂*），3.34 ～ 3.49（NC*H₂*），3.49 ～ 3.75（OC*H₃*）；13C NMR（400 MHz，CDCl₃，298 K）（图2-3），δ 为 31 ～ 59（C*H₂*，C*H₃*），171 ～ 178（*C*=O）。核磁谱图中，δ 为 3.49 ～ 3.80 处具有很强的甲氧基信号，这主要是因为丙烯酸甲酯/乙二胺的比例很高，产物中有大量的甲氧基剩余。δ 为 2.27 ～ 2.48 处具有胺基的信号。胺基可用于络合和稳定量子点等纳米晶体。

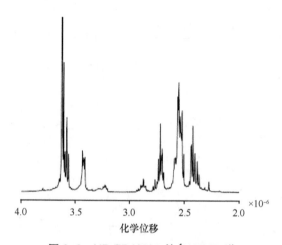

图 2-2　HP-EDAMA3 的 ¹H NMR 谱

Figure 2-2　¹H NMR spectrum of HP-EDAMA3（400 MHz，in CdCl₃，298 K）

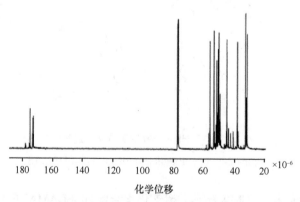

图 2-3　HP-EDAMA3 的 ¹³C NMR 谱

Figure 2-3　¹³C NMR spectrum of HP-EDAMA3（400 MHz，in CdCl₃，298 K）

HP-EDAMA3 的分子量和热性能等表征如表 2-3 所示。

表2-3 HP-EDAMA3部分表征结果

Table 2-3 Results of HP-EDAMA3

产物	R_{feed}	M_n	M_w/M_n	T_g
HP-EDAMA3	1:3	3350	1.05	−46.3 ℃

2.3.2 CdS 量子点的合成机制

本章采用端基为酯基的超支化聚酰胺-胺（HP-EDAMA3）作为纳米反应器在水相合成CdS量子点。HP-EDAMA3 分子为近似球形的结构，端基为酯基，分子内含有大量的伯胺、仲胺、叔胺等基团和大量的空腔。胺基可以络合金属离子，而酯基并不参与络合，这样，我们可以把金属离子封装于HP-EDAMA3 聚合物内部，并在它的内部空腔内制备量子点、金属纳米晶体等。我们以其作为纳米反应器，先利用其自身的大量胺基络合 Cd^{2+} 离子，随后加入 S^{2-} 离子与 Cd^{2+} 离子反应，在一定的条件下即可制得HP-EDAMA3 稳定的CdS量子点，如图 2-4 所示。

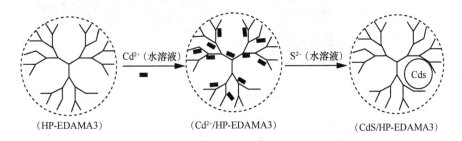

图2-4 以 HP-EDAMA3 作为纳米反应器合成 CdS 量子点示意

Figure 2-4 Scheme illustration for the preparation of CdS quantum dots（QDs）

within HP-EDAMA3 nanoreactors in aqueous phase

超支化聚合物HP-EDAMA3 的端基为酯基，尽管酯基不参与和 Cd^{2+} 的络合，但可以有效地防止超支化聚合物之间的聚集。HP-EDAMA3 在与 Cd^{2+} 络合过程中内部的胺基起主要作用，生成的CdS量子点基本上被隔离在HP-EDAMA3 的空腔中，CdS纳米粒子不易聚集且粒径较为均一。

2.3.3　CdS 量子点的表征（以 2.2.3 ① 制备方法合成的 CdS 量子点为例）

2.3.3.1　透射电镜表征

由于 CdS 量子点被隔离在 HP-EDAMA3 的空腔内，其尺寸和尺寸分布受制于 HP-EDAMA3 模板。而 HP-EDAMA3 尺寸较小，在常温反应下可制备尺寸较小且均一的 CdS 量子点。CdS 量子点透射电镜（TEM）照片如图 2-5a 所示，利用 HP-EDAMA3 制备的 CdS 量子点粒径较小且比较均一。选取图中 200 个量子点计算其平均粒径及粒径分布，得到其平均粒径约为 2.2 nm。由选区电子衍射（SAED）图可知，制备的 CdS 量子点为多晶的结构。相应的能谱（EDS）图如图 2-5b 所示，图中 Cd 和 S 元素的存在可证明产物为 CdS 量子点。

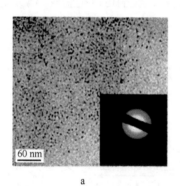
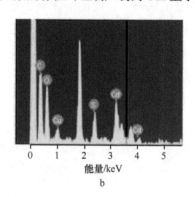

a

b

图 2-5　利用 HP-EDAMA3 制备的 CdS 量子点的 TEM 照片
（内图为相对应的 SAED 图）（a）和 EDS 图（b）

Figure 2-5　（a）TEM image of CdS QDs prepared within HP-EDAMA3（inset: the corresponding SAED pattern）and（b）EDS spectrum

2.3.3.2　紫外 – 可见光光谱分析

图 2-6 是 CdS/HP-EDAMA3 纳米复合物和 HP-EDAMA3 的紫外-可见光光谱（UV-Vis）。在 340 nm 左右，CdS/HP-EDAMA3 复合物有一个吸收平台，为 CdS 量子点的激子吸收峰。

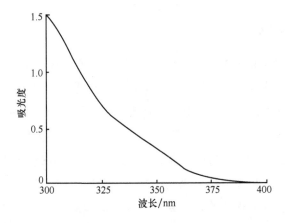

图 2-6 CdS/HP-EDAMA3 纳米复合物的 UV-Vis 光谱

Figure 2-6 UV-Vis spectra of CdS/HP-EDAMA3 nanocomposites

由于半导体纳米粒子具有量子尺寸效应，其吸收光谱会随粒径减小而蓝移，反之，则红移。与体相的吸收带边相比，所制得的 CdS 量子点有很大的蓝移，这是由于 CdS 量子点被限制在超支化聚合物的空腔内，故粒径较小。由紫外可见吸收光谱也可以计算出量子点的粒径大小，首先计算出禁带宽度：

$$E = hc / \lambda e \tag{2-3}$$

式中，E 为禁带宽度，单位为 eV；h 为普朗克常数；c 为真空的光速；λ 为吸收峰处的波长；e 是电子的电量。计算出 CdS 量子点的 E 值，并根据有效质量模型近似公式[128]：

$$E_g = E_{g0} + h^2\pi^2 / 2R^2 \left[1/m_e + 1/m_h \right] - 1.786e^2 / \varepsilon R - 0.248 E_{Ry} \tag{2-4}$$

式中，E_g 是纳米材料的禁带宽度；E_{g0} 是块状材料的禁带宽度；R 是纳米粒子半径；m_e 和 m_h 分别是电子和空穴的有效质量；e 是电子的电量；ε 是纳米粒子介电常数；E_{Ry} 是里百格能量（rydberg energy），这个值很小，约占总能量的 7%，可以忽略。对于 CdS，这里有 $E_{g0} = 2.42$ eV；$E_g = 3.65$ eV；$m_e = 0.19\ m_0$，$m_h = 0.8\ m_0$（$m_0 = 9.10 \times 10^{-31}$ kg，是自由电子静止质量）；$\varepsilon = 4\pi\varepsilon_r\varepsilon_0$；$\varepsilon_{rCdS} = 5.5$，$\varepsilon_0 = 8.85 \times 10^{-12}$ F/m 是真空中的介电常数；通过计算可以得 $R = 1.3$ nm，CdS 量子点的直径是 2.6 nm。与透射电镜下得到的平均粒径差异不大。

2.3.3.3 荧光光谱分析

图 2-7 是 CdS/HP-EDAMA3 纳米复合物的荧光光谱（PL）。当以 340 nm 波长作为激发光源时，发射峰位于 419 nm。荧光较强，但是发射光谱很宽，这也是利用聚合物合成量子点材料时亟待解决的问题。以香豆素 1（coumarin1）为参比（在乙醇溶剂中量子产率为 0.73），按照文献报道的方法[126]计算可知，CdS 量子点在氯仿溶剂中的量子产率为 0.168。CdS 量子点的量子产率相对较低的原因可以归因为聚合物的荧光淬灭效应，以及量子点被聚合物包覆时，由于包覆不完善导致的表面缺陷。量子点被激发时光子被聚合物及量子点表面的缺陷俘获，从而导致量子产率大幅降低。

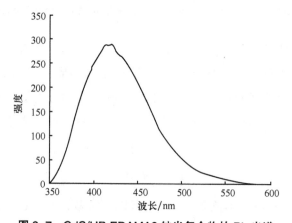

图 2-7　CdS/HP-EDAMA3 纳米复合物的 PL 光谱

Figure 2-7　PL spectrum of CdS/HP-EDAMA3 nanocomposites

2.3.3.4 傅里叶变换红外光谱分析

红外光谱中，各种胺基的峰位置分别归属为：① 伯胺伸缩振动在 $3500 \sim 3400$ cm^{-1}，面内弯曲振动在 $1650 \sim 1590$ cm^{-1}；② 仲胺伸缩振动在 $3500 \sim 3300$ cm^{-1}，面内弯曲振动在 $1650 \sim 1590$ cm^{-1}。

当 Cd^{2+} 与超支化聚合物的胺基络合时，红外吸收峰的位置便会发生微弱的移动，相互作用越强，峰的位移越明显。图 2-8 为 HP-EDAMA3 和 CdS/HP-EDAMA3 纳米复合物的傅里叶变换红外光谱（FT-IR）。比较各个峰位置的变化，如表 2-4 所示，可以看出，伯胺的伸缩振动峰、弯曲振动峰都发生了变化（分别由 3440 cm^{-1}、1652 cm^{-1} 位移至 3446 cm^{-1} 和 1646 cm^{-1}），这些峰的位移说明了 CdS 量子点与超支化聚合物的胺基发生了一定程度的络合相互作用，使超支化聚合物电负性、共轭性能发生改变，从而导致超支化聚合物构象的变化及红外吸收峰的位移；而超支化聚合物中羰基的伸缩振动峰（1732 cm^{-1}）保持原位，这说明 CdS 量子点并没有与羰基发生络合相互作用。综上所述，CdS 量子点只与超支化聚合物内部的胺基发生了络合相互作用，而没有和聚合物外层的羰基络合，这样我们可以认为，CdS 量子点只可能存在于超支化聚合物的内部，由单一的超支化聚合物而不是多个聚合物分子稳定。

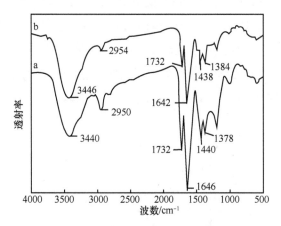

图 2–8　HP-EDAMA3（a）与 CdS/HP-EDAMA3（b）的 FT-IR 光谱

Figure 2-8　FT-IR spectra of（a）HP-EDAMA3 and（b）CdS/HP-EDAMA3

表2–4　HP-EDAMA3与CdS/HP-EDAMA3在FT-IR光谱中的吸收峰
Table 2-4　FT-IR bands for HP-EDAMA3 and CdS/HP-EDAMA3

吸收峰	吸收峰位置/cm^{-1}	
	HP-EDAMA3	CdS/HP-EDAMA3
N—H伸缩振动峰	3440	3446
CH$_2$不对称伸缩振动峰	2950	2954
CH$_2$对称伸缩振动峰	2842	2854
C=O伸缩振动峰	1732	1732
伯胺弯曲振动峰	1646	1642
CH$_2$剪式振动峰	1440	1438
叔胺弯曲振动峰	1378	1384

2.3.4 制备条件对 CdS 量子点光学性能的影响

2.3.4.1 Cd²⁺/S²⁻ 摩尔比

按照 2.2.3 所述，我们采用了不同的 Cd^{2+}/S^{2-} 摩尔比来制备 CdS 量子点。实验发现，Cd^{2+}/S^{2-} 摩尔比对 CdS 量子点的荧光性能有着很大的影响。由图 2-9 可以看出，当 Cd^{2+}/S^{2-}=3:1 时，CdS 量子点在激发波长 340 nm 处的吸光度最低，对应的荧光光谱中荧光强度最高。由于量子产率与吸光度成反比，与荧光光谱积分面积成正比，可以得知当 Cd^{2+}/S^{2-}=3:1 时，CdS 的量子产率最高。当降低 Cd^{2+}/S^{2-} 摩尔比时，量子产率亦随之下降，Cd^{2+}/S^{2-} 摩尔比为 1:2 时量子产率最低。这意味着当量子点表面存在过量 Cd^{2+} 时，量子点的量子产率能够得到提高。我们认为这是由于量子点表面过量的 Cd^{2+} 能够降低量子点表面的缺陷，起到表面修饰的作用，进而提高量子产率。

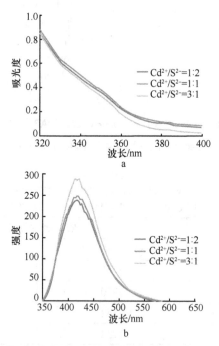

图 2-9　在不同 Cd^{2+}/S^{2-} 摩尔比下 CdS 量子点的 UV-Vis（a）与 PL 光谱（b）

Figure 2-9　（a）UV-Vis and（b）PL spectra of CdS QDs prepared under different Cd^{2+}/S^{2-} molar ratio

表2-5给出了以上3种不同Cd²⁺/S²⁻摩尔比下CdS量子点的量子产率。根据定量计算可知，Cd²⁺/S²⁻摩尔比为3:1时，CdS量子点的量子产率最高，即随着Cd²⁺/S²⁻摩尔比的提高，量子产率也有所提高。

表2-5　不同Cd²⁺/S²⁻摩尔比下CdS量子点的量子产率
Table 2-5　Quantum yield（QY）of CdS QDs at various Cd^{2+}/S^{2-} molar ratio

Cd^{2+}/S^{2-}摩尔比	F_x	A_x（340 nm）	ϕ_x
1:2	8072.5	0.055 40	15.5%
1:1	8284.5	0.055 20	15.9%
3:1	8956.8	0.056 59	16.8%

2.3.4.2　反应温度

实验部分基本同2.2.3②，采用Cd²⁺/S²⁻摩尔比为1:1，不同之处在于将反应温度设定为5 ℃，并在不同反应时间下取出一部分产物，用以比较不同反应时间下CdS量子点光学性能的变化。产物用0.22 μm过滤器过滤，然后用来检测。实验结果如表2-6所示，与表2-5比较可知，在5 ℃条件下合成的CdS量子点的荧光较弱，而在25 ℃条件下合成的CdS量子点的荧光相对较强。在不同的反应时间下，CdS量子点的量子产率变化不大。实验结果表明，在5 ℃条件下CdS量子点生长过于缓慢、晶体性能差、量子产率低，因此，不适宜在较低的温度下合成CdS量子点。

表2-6　在5 ℃和不同反应时间下CdS量子点的量子产率
Table 2-6　QY of CdS QDs prepared under 5 ℃ and various reaction times

反应时间/h	F_x	A_x（340 nm）	ϕ_x
1	9166.2	0.090 71	10.7%
2	9434.2	0.081 87	12.2%
3	8583.7	0.091 24	10.0%
4	8544.2	0.093 85	9.7%

2.3.4.3　溶液 pH

实验部分基本同2.2.3②，采用Cd²⁺/S²⁻摩尔比为1:1，不同之处在于将Cd²⁺/HP-EDAMA3溶液的pH分别调至5.65、6.81、8.37，即分别在弱酸性、中性和弱碱性条件下与S²⁻反应，产物陈化24小时后，用0.22 μm过滤器过滤，然后用来检测。

分别测得各个样品的UV-Vis及PL光谱，然后根据量子产率公式计算其量子产率。计算结果如表2-7所示，可以看到，在pH=5.65时，量子产率达到18.5%，证明在弱酸性条件下，CdS/HP-EDAMA3体系具有更好的荧光性能。这是由于在酸性条件下HP-EDAMA3部分质子化而形成更为紧密的结构，对量子点的包覆也更为致密，有效降低了量子点表面的缺陷。

表2-7　不同pH下CdS的量子产率

Table 2-7　QY of CdS QDs prepared under different pH values

pH	F_x	A_x（340 nm）	ϕ_x
8.37	6251.1	0.055 42	12.0 %
6.81	5364.8	0.045 06	13.3 %
5.65	6150.2	0.035 36	18.5 %

2.3.4.4　陈化时间

我们对在室温和Cd^{2+}/S^{2-}摩尔比为3:1条件下所制备CdS量子点的光学性能进行了跟踪表征，研究了陈化时间对其紫外-可见光吸收和荧光性能的影响。分别测定其在静置2小时、4小时、20小时、2天、4天、15天和30天后的UV-Vis和PL光谱，如图2-10所示。

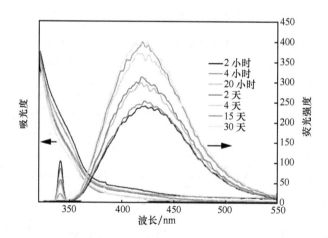

图2-10　CdS量子点在不同陈化时间下的UV-Vis和PL光谱

Figure 2-10　UV-Vis and PL spectra of CdS QDs at different aging time

由图 2-10 可以看出，随着陈化时间的增长，CdS/HP-EDAMA3 纳米复合物的吸收平台没有明显的变化，而荧光强度则逐渐增强。量子点具有较好的稳定性，没有发生荧光猝灭。这是由于量子点在陈化过程中 HP-EDAMA3 对量子点起到了很好的包覆作用，有效地防止了量子点的淬灭；在陈化过程中，量子点表面的分子不断发生小的移动，键与键之间的翻转、展开、扭曲等都使量子点的表面缺陷不断得到修复，量子点簇之间的空白与缺漏被填补，因此，量子点表面随陈化时间增长变得更为平整，荧光强度得到提高。

2.4　结　论

本章以端基为甲氧基的超支化聚酰胺-胺作为纳米反应器成功制备了 CdS 量子点。

通过改变 Cd^{2+}/S^{2-} 摩尔比、反应温度、反应 pH 和陈化时间等，我们制备了一系列不同荧光性能的 CdS 量子点。实验发现，Cd^{2+}/S^{2-} 摩尔比为 3:1 时，CdS 量子点的量子产率高于摩尔比为 1:1 和 1:2 时 CdS 量子点的量子产率，即在 Cd^{2+}/S^{2-} 高摩尔比下 CdS 量子点的荧光较强。我们比较了 5 ℃和 20 ℃下 CdS 量子点的量子产率，实验表明，在 5 ℃下 CdS 量子点生长过于缓慢，结晶性能差，量子产率低。因此，CdS 量子点不适宜在过低温度下合成。对于溶液的 pH，实验表明，在弱酸性条件下制备的 CdS 量子点的量子产率较高，这是由于在酸性条件下 HP-EDAMA3 部分质子化而形成更为紧密的结构，对量子点的包覆也更为致密，降低了量子点表面的缺陷。对于陈化时间，随着陈化时间的增加，CdS 量子点的量子产率得到提高，这是由于量子点在陈化过程中超支化聚酰胺-胺对量子点起到了很好的包覆作用，而且量子点表面结构的重排也使量子点的表面缺陷不断得到修复，量子点表面随陈化时间增长变得更为平整，量子产率得到提高。

附录 2-1　以超支化聚酰胺–胺作为纳米反应器制备 Au 纳米晶体

我们也利用超支化聚酰胺-胺作为纳米反应器制备了 Au 等金属纳米晶

体。对于金属纳米晶体的制备，超支化聚酰胺–胺更具有优势。以合成 Au 纳米晶体为例，聚合物内部的胺基可以与 $AuCl_4^-$ 等金属离子络合，继而又用于还原 $AuCl_4^-$ 而生成 Au 纳米晶体。反应简单而温和，Au 纳米晶体的尺寸及其分布也可得到有效控制。

超支化聚合物 HP-EDAMA3 的端基为甲氧基，主要是内部的胺基与 $AuCl_4^-$ 络合，而胺基又可用来还原 $AuCl_4^-$ 而直接生成 Au 纳米晶体。该反应较为简单，只需要将 HP-EDAMA3 和水溶液混合，常温搅拌 48 小时，即可生成 HP-EDAMA3 稳定的 Au 纳米晶体。可以通过改变 HPAMAM 的端基、HPAMAM 与 $HAuCl_4$ 的摩尔比、反应温度和反应时间等制备了不同尺寸和形态的 Au 纳米晶体。简单举例如下：将 45 mg HP-EDAMA3 溶于 15 mL 超纯水中，然后加入 0.01 mol/L 的 $HAuCl_4$ 水溶液 1 mL，避光下于 20 ℃搅拌 48 小时。附图 2-1 和附图 2-2 分别给出了在该反应条件下制备的 Au 纳米晶体的 UV-Vis 吸收光谱和 TEM 照片。Au 纳米晶体的紫外吸收峰在 520 nm，粒子平均尺寸在 6 nm 左右。

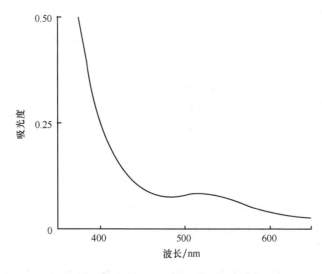

附图 2-1　以 HP-EDAMA3 为模板制备的 Au 纳米晶体的 UV-Vis 光谱

Figure S2-1　UV-Vis spectrum of Au nanocrystals prepared with the

template of HP-EDAMA3

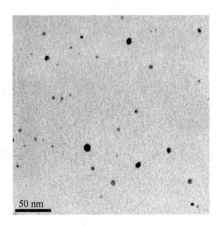

附图 2-2 以 HP-EDAMA3 为模板制备的 Au 纳米晶体的 TEM 照片

Figure S2-2 TEM image of Au nanocrystals prepared with the template of HP-EDAMA3

第三章　以两亲性超支化聚合物
单分子胶束作为纳米反应器在两相
体系中制备无机纳米晶体

3.1　引　言

　　量子点具有独特的取决于尺寸和形态的光电性能[78-79]，已应用于发光器件（LEDs）[129-132]、非线性光学材料[133]、太阳能电池[134]、生物标记[93-94]等。目前，无水 TOPO/TOP 法[80-81, 85, 135]和无机硫醇或多磷酸盐[82-83, 87-88, 115, 136]作为稳定剂的水相合成法是两种常用合成近单分散和高荧光性能半导体纳米晶体的化学方法。为了实现量子点的真正应用，必须将这种本身不稳定的纳米粒子用无机或有机基体材料进行包覆。目前常用的两种方法是将制备好的量子点包覆于聚合物中和用聚合物直接合成量子点。与用聚合物对量子点进行后处理的方法相比，用聚合物直接合成量子点的方法方便快捷，不足之处在于这种方法合成的量子点的量子效率较低，发射光谱较宽。

　　本章提出了一种在两相体系中用两亲性超支化聚合物作为单分子纳米反应器和稳定剂合成 CdS 量子点的新方法。两亲性超支化聚合物具有内部空腔和大量的官能团，而且具有核壳结构，在溶剂中能够形成稳定的单分子胶束，而嵌段共聚物在溶液中则形成大的物理聚集体[48-49]。与线形嵌段共聚物相比，两亲性超支化聚合物在制备量子点和控制量子点尺寸分布等方面更有优势。与支化聚合物合成量子点相比，采用两亲性超支化聚合物作为单分子纳米反应器合成量子点具有产物尺寸及尺寸分布易控制、产物无须提纯等优点[137]。

3.2　实验部分

3.2.1　实验试剂、仪器及设备

实验用化学试剂如表 3-1 所示。

表3-1　实验用化学试剂
Table 3-1　Chemical reagents used in the experiments

中文名称	生产厂家	纯度	提纯步骤
甲醇	国药集团化学试剂公司	AR	直接使用
乙醇	国药集团化学试剂公司	AR	直接使用
氯仿	国药集团化学试剂公司	AR	直接使用
超纯水	—	Milli-Q	直接使用
丙烯酸甲酯	Aldrich	99%	直接使用
乙二胺	国药集团化学试剂公司	99%	直接使用
十六烷基酰氯	TCI	98%	直接使用
醋酸镉 （Cd（CH$_3$COO）$_2$·2H$_2$O）	国药集团化学试剂公司	99%	配制成一定浓度水溶液使用
无水硫化钠	Alfa Asesa	99%	配制成一定浓度水溶液使用
氯金酸四水合物	国药集团化学试剂公司	AR	配制成一定浓度水溶液使用
硝酸银	国药集团化学试剂公司	99.8%	配制成一定浓度水溶液使用
硼氢化钠	国药集团化学试剂公司	96%	配制成一定浓度水溶液使用

实验仪器及设备如表 3-2 所示。

表3-2　实验仪器及设备
Table 3-2　Apparatus used in the experiments

仪器	型号	生产厂家
磁力搅拌器	85-2型恒温磁力搅拌器	上海司乐仪器有限公司
旋转蒸发仪	RE-5299	巩义市予华仪器有限责任公司
循环水式真空泵	SHZ-D（Ⅲ）型	巩义市予华仪器有限责任公司
旋片式真空泵	2XZ型	上海康嘉真空泵有限公司
真空干燥箱	DZF-6020型	上海精宏实验设备有限公司
电子天平	Mettler Toledo EL104型	梅勒特-托利多仪器（上海）有限公司
电热鼓风干燥箱	101C-3B型	上海市实验仪器总厂
电子节能控温仪	ZnHW-Ⅱ型	巩义市予华仪器有限责任公司

3.2.2　两亲性超支化聚酰胺－胺的合成

3.2.2.1　乙二胺－丙烯酸甲酯1:1聚合前体的合成

在 150 mL 单口圆底烧瓶中加入 19.82 g（0.33 mol）的乙二胺，随后加入 5 mL 甲醇，置于磁力搅拌器上的冰盐浴中，磁力搅拌使乙二胺充分溶于甲醇中；用移液管移取 30 mL（28.41 g，0.33 mol）丙烯酸甲酯置于滴液漏斗中，用 20 mL 甲醇稀释，以每秒 1～2 滴的速度往烧瓶中滴加丙烯酸甲酯，滴加完毕后，用 5 mL 甲醇淋洗滴液漏斗并继续滴加到反应体系中，用翻口橡皮塞将反应体系密封好，并置于常温下磁力搅拌反应 48 小时[125]。

3.2.2.2　超支化聚酰胺－胺的合成

将上述乙二胺-丙烯酸甲酯1:1聚合前体反应瓶套在旋转蒸发仪安全瓶上，用循环水式真空泵抽真空，高速旋转（65 r/min），并使水浴锅升温至 60 ℃，反应 1 小时，抽走甲醇；将水浴换成油浴，升温至 100 ℃，反应 2 小时；将水泵换成油泵，以提高真空度。体系继续升温至 120 ℃，反应 2 小时，反应体系由几乎无色逐渐转变成浅黄色；然后，升温至 140 ℃，继续反应 2 小时，体系颜色逐渐加深，黏度逐渐增大，停止加热，撤去油浴。当体系冷却至常温后，停止旋转，得到一种浅黄色的黏稠物，即 HPAMAM[125]。

3.2.2.3 两亲性超支化聚酰胺－胺的合成

在反应瓶中加入 2.4814 g HPAMAM，用 12 mL 氯仿溶解，并用翻口橡皮塞密封。磁力搅拌，待样品完全溶解后，按化学计量比加入 6.05 mL 三乙胺，通氮气（防止氨基被氧化）15 min，并将反应瓶置于冰盐浴中。将 6.62 mL 棕榈酰氯溶于 12 mL 氯仿中，逐滴加入反应瓶中。室温下搅拌反应 24 小时后加入去离子水，充分搅拌，倒入分液漏斗中使之静置分层，保留下层氯仿溶液，如此反复多次洗涤，用无水硫酸镁干燥，过滤，滤液浓缩到合适浓度后滴入 200 mL 甲醇中，得到浅黄色沉淀。用布氏漏斗抽滤，滤饼用甲醇洗涤，抽干后再将滤饼放置真空干燥箱中，在 50 ℃下干燥 24 小时，得到淡黄色蜡状固体，产物用 HPAMAM-PC 表示[125]。产物分子量 M_w=1.1×10^4，PDI=2.7。

3.2.3 CdS 量子点的制备

分别配制溶有 8 mg Cd（CH$_3$COO）$_2$·2H$_2$O 的水溶液 5 mL 和含有 100 mg HPAMAM-PC 的氯仿溶液 40 mL，将两者混合，常温下磁力搅拌 48 小时，然后静置分层。取下层澄清氯仿溶液，通氮气 10 min，在搅拌下加入 2 mL 除氧后的 Na$_2$S 水溶液（含 Na$_2$S 1.17 mg），继续通氮气 10 min，并于常温下反应 3 小时。静置分层可得澄清的 CdS 量子点的氯仿溶液。

3.2.4 表征

① ^{1}H NMR 在 Varian Mercury plus-400 核磁共振仪上测定，以 CDCl$_3$ 为溶剂。

② 分子量及分子量分布是在 Perkin Elmer Series 200 凝胶渗透色谱仪上测定的，采用 PS 做标样，CHCl$_3$ 为流动相，流速为 1.0 mL/min。

③ 动态光散射（DLS）测试是在 Zetasizer Nano S 上测定的。所用激光波长为 632 nm，散射角为 173°，测试温度为 25 ℃，溶剂为氯仿。测试前，溶

液用 0.22 μm 的过滤头进行过滤。

④ 紫外–可见光谱（UV-Vis）和荧光光谱（PL）分别使用 Perkin Elmer Lambda 20/2.0 UV-Vis 光谱仪和 Perkin Elmer LS 50B 荧光光谱仪测定。

⑤ CdS 量子点在紫外光（365 nm）照射下的照片由 Sony DSC-S70 数码相机拍摄。

⑥ 透射电镜（TEM）、高分辨电镜（HRTEM）、选区电子衍射（SAED）和 X 射线能谱（EDS）表征是在 JEOL-2010 型透射电镜上进行的，加速电压为 200 kV。TEM 样品的制备：用洁净的 1 mL 注射器将数滴 CdS 量子点的氯仿溶液滴在覆盖碳膜的铜网上。

⑦ 傅里叶变换红外光谱（FT-IR）是在 Perkin Elmer Paragon 1000 傅里叶变换红外光谱仪上测定的，制样方法为将样品的氯仿溶液滴在溴化钾压片上红外灯烘干。

⑧ 热失重分析（TGA）是在 TGAQ 5000 热分析仪上测得的，所有样品测试均在氮气保护下，先于 100 ℃ 除水 10 min，然后以 20 ℃ /min 的升温速率进行测定。

3.3　结果与讨论

3.3.1　两亲性超支化聚酰胺 – 胺的表征

HPAMAM 的 ^{1}H NMR（400 MHz，CDCl$_3$，298 K）归属如下：δ=1.80 ～ 2.30（NH_2，NH），2.30 ～ 2.50（COCH_2），2.50 ～ 3.0（COCH_2CH_2NH，NH（CH_2）$_2$NH，NH（CH_2）$_2$NH_2），3.20 ～ 3.50（NCH_2），3.50 ～ 4.0（CH_3O）。

HPAMAM-PC 的 ^{1}H NMR（400 MHz，CDCl3，298 K）归属如下：δ=0.83 ～ 0.91（3H，CH_3），1.25（24H，CH_2），1.60（2H，CH_2），1.80 ～ 2.30（NH_2，NH），2.30 ～ 2.97（NCOCH_2，NCH_2），3.19 ～ 3.82（NCH_2，OCH_3）。

通过比较胺基和十六烷基链上甲基的 ^{1}H NMR 积分面积，计算可知，封端率约为 50%，这说明 HPAMAM-PC 中仍有 50% 的胺基（伯胺和仲胺）存在。

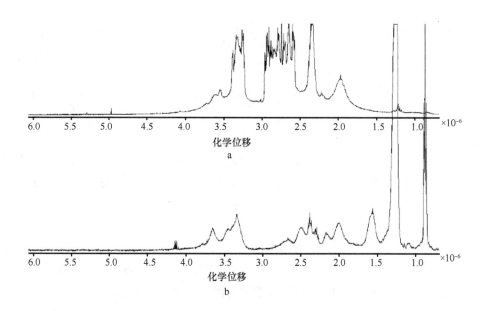

图 3-1 端基为胺基的超支化聚酰胺-胺（HPAMAM）和（a）棕榈酰氯封端的
两亲性超支化聚酰胺-胺（HPAMAM-PC）（b）的氢谱核磁图

Figure 3-1 ^{1}H NMR spectra of（a）amine-terminated poly（amidoamine）
（HPAMAM）and（b）paltitoyl chloride functionalized amphiphilic poly（amidoamine）
（HPAMAM-PC）（400 MHz，in CDCl$_3$，298 K）

3.3.2 量子点合成机制

HPAMAM-PC为核壳型的两亲性超支化聚酰胺-胺，它具有亲水性的超支化聚酰胺-胺核和疏水的十六烷基臂，可溶于氯仿、四氢呋喃等，并在低浓度时以单分子胶束形式存在。通过氢键、静电或络合相互作用，HPAMAM-PC可以封装水溶性染料、金属离子和水溶性无机纳米晶体，也可用于制备无机纳米晶体。本章采用水/氯仿两相体系制备了尺寸小且均一的CdS量子点。先利用HPAMAM-PC内部的胺基与Cd^{2+}络合，将水溶性的Cd^{2+}从水相转移至位于氯仿相的HPAMAM-PC单分子胶束中，进而引入水溶性的S^{2-}，通过Cd^{2+}与S^{2-}反应可生成CdS量子点（图3-2）。

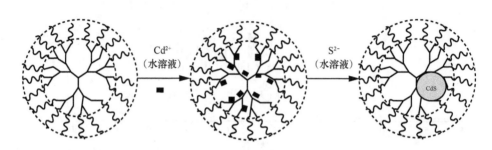

图 3-2　以 HPAMAM-PC 单分子胶束为模板在两相体系内合成 CdS 量子点示意

Figure 3-2　Schematic illustration of the two-phase preparation of CdS QDs using HPAMAM-PC unimolecular micelles

采用氯仿/水两相体系合成 CdS 量子点具有如下优点：① 由于 HPAMAM-PC 本身对 Cd^{2+} 的络合能力是一定的，多余的 Cd^{2+} 无法从水相转移至氯仿相，因此，Cd^{2+} 与聚合物之间的配比不需要考虑，可加入大量的 Cd^{2+}；② 可加入过量的 S^{2-}，这是因为当被 HPAMAM-PC 封装的 Cd^{2+} 与水相的 S^{2-} 完全反应后，水相中多余的 S^{2-} 可以直接通过静置分层法除去；③ 易于得到 HPAMAM-PC 对 CdS 量子点的最大封装量；④ 产物无须提纯等后处理，量子点尺寸小且分布均一。通过该两相体系方法，用两亲性超支化聚合物作为纳米反应器可近似得到 Cd/S 摩尔比为 1 的 CdS 量子点。不同 Cd/S 摩尔比的 CdS 量子点，可以通过调控 S^{2-} 加入量得到。

3.3.3　CdS 量子点的表征

3.3.3.1　DLS 表征

超支化聚合物流体尺寸一般在 1～10 nm。通过 DLS 表征（图 3-3）可知，HPAMAM-PC 在氯仿溶液中流体力学尺寸为 3.2 nm。当浓度低于 3 mg/mL 时，以单分子胶束的形式存在于氯仿溶液中。以该单分子胶束为纳米反应器，引入镉离子和硫离子以形成 CdS 量子点后，通过 DLS 表征可知 CdS/HPAMAM-PC 纳米复合物的尺寸约为 3.7 nm。与 HPAMAM-PC 相比，其尺寸没有太大的变化。我们推测，CdS 量子点应存在于该单分子胶束的内部而不是外部。

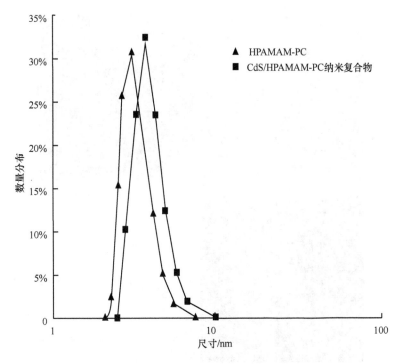

图 3-3　HPAMAM-PC 和 CdS/HPAMAM-PC 纳米复合物的

流体力学尺寸分布（由 DLS 测试）

Figure 3-3　Size distribution of HPAMAM-PC and

CdS/HPAMAM-PC nanocomposites，measured by DLS

3.3.3.2　TEM 表征

由于 CdS 量子点被隔离在 HPAMAM-PC 单分子胶束内，它的尺寸和尺寸分布受 HPAMAM-PC 模板的影响。而 HPAMAM-PC 尺寸较小，在常温反应下将得到尺寸较小且均一的 CdS 量子点。图 3-4 给出了 CdS 量子点的 TEM、HRTEM、SAED 及 EDS。CdS 量子点尺寸约为 2.6 nm，尺寸较为均一。它的电子衍射图为较宽的多晶环，经计算得知，CdS 量子点具有立方闪锌矿的多晶结构。EDS 图中含有 Cd 和 S 元素，可证明 CdS 的存在。

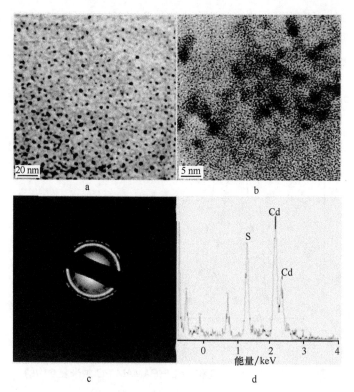

图 3-4　CdS/HPAMAM-PC 纳米复合物的 TEM（a）、HRTEM（b）、
SAED（c）和 EDS（d）图

Figure 3-4　（a）TEM image（scale bar: 20 nm），（b）high-resolution TEM image（scale bar: 5 nm），（c）SAED patterns and（d）EDS of CdS/HPAMAM-PC nanocomposites

3.3.3.3　UV-Vis 和 PL 表征

图 3-5 给出了 CdS/HPAMAM-PC 纳米复合物在氯仿溶液中的 UV-Vis 和 PL 光谱表征。该复合物在 328 nm 有一个吸收平台，根据 Brus 有效质量模型公式[128, 138]估算可知，CdS 量子点的尺寸约为 2.5 nm，与 TEM 测定尺寸相差不大。当以紫外光（365 nm）照射时，CdS/HPAMAM-PC 纳米复合物在氯仿溶液中发出蓝色的荧光。由图 3-5b 可知，以 340 nm 光源激发时，CdS 量子点发射峰位于 400 nm，荧光较强。以香豆素 1 为参比（在乙醇溶剂中量子产率为 0.73），按照文献报道的方法[126]计算可知，CdS 量子点在氯仿溶剂中的量子产率为 0.19。这和 Murphy 等[123]报道的接近，他们用 PAMAM 树枝状聚

合物在甲醇溶剂中制备了 CdS 纳米簇，其量子产率为 0.22。CdS 量子点量子产率相对较低的原因可以归因为聚合物的荧光淬灭效应，以及量子点被聚合物包覆时包覆不完善导致的表面缺陷。当量子点被激发时，光子被聚合物及量子点表面的缺陷俘获，从而导致量子效率大幅降低。

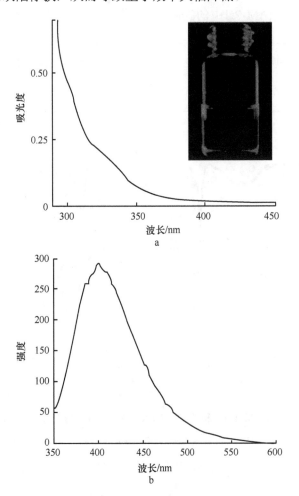

图 3-5　CdS/HPAMAM-PC 纳米复合物在氯仿溶剂中的 UV-Vis（a）和 PL（b）光谱

Figure 3-5　（a）UV-Vis and（b）PL spectra of CdS/HPAMAM-PC

nanocomposites in chloroform

注：内图为 CdS/HPAMAM-PC 氯仿溶液在 365 nm 紫外光照射下的照片

Photographs of CdS/HPAMAM-PC nanocomposites in chloroform

illuminated with a UV lamp（365 nm）

3.3.3.4　FT-IR 表征

图 3-6 给出了 HPAMAM-PC 和 CdS/HPAMAM-PC 纳米复合物的 FT-IR 光谱。其中，2921 cm^{-1} 和 2851 cm^{-1} 分别对应于—CH$_2$—的非对称和对称伸缩振动峰。HPAMAM-PC 中的酰胺 I 和酰胺 II 特征峰分别位于 1643 cm^{-1} 和 1546 cm^{-1}，而在 CdS/HPAMAM-PC 中，其特征峰分别偏移至 1637 cm^{-1} 和 1549 cm^{-1}。红外吸收峰的变化表明 CdS 量子点和 HPAMAM-PC 内部的胺基存在络合相互作用。

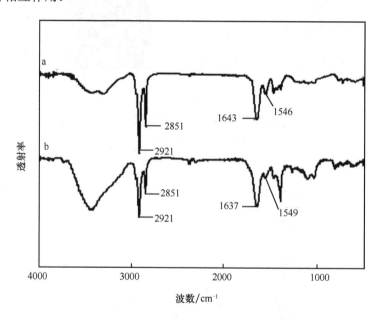

图 3-6　HPAMAM-PC（a）和 CdS/HPAMAM-PC 纳米复合物（b）的 FT-IR 光谱

Figure 3-6　FT-IR spectra of（a）HPAMAM-PC and（b）CdS/HPAMAM-PC nanocomposites

3.3.3.5　TGA 表征

CdS/HPAMAM-PC 纳米复合物的组成可通过 TGA 得知。如图 3-7 所示，纯 HPAMAM-PC 和 CdS/HPAMAM-PC 纳米复合物均在 300 ℃ 时开始降解，当 CdS 存在时，降解温度有所提高。在 800 ℃ 时，HPAMAM-PC 完全降解，CdS/HPAMAM-PC 纳米复合物有 96.9%（质量百分比）降解。由此推断，

CdS 在复合物中的含量为 3.1%（质量百分比），CdS 的含量并不高。这是由于 HPAMAM-PC 本身分子量不高，而且有 50% 的胺基已被封端反应掉，可供用于稳定 CdS 量子点的胺基并不多。

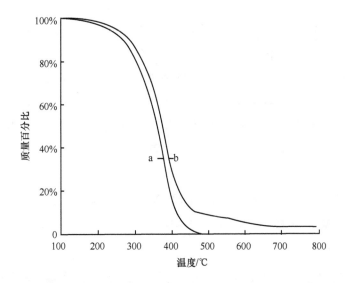

图 3-7 HPAMAM-PC（a）和 CdS/HPAMAM-PC 纳米复合物（b）的
TGA 质量损失（升温速率为 20 ℃/min）

Figure 3-7 TGA weight loss curves of (a) neat HPAMAM-PC and (b) CdS/
HPAMAM-PC nanocomposites (the heating rate was 20 ℃/min)

3.4 结 论

① 本章制备了十六烷基酰氯封端的两亲性超支化聚酰胺-胺，并以此单分子胶束作为纳米反应器在两相体系中合成了尺寸均一的 CdS 量子点。

② 十六烷基酰氯封端的超支化聚酰胺-胺具有亲水性的超支化聚酰胺-胺核和疏水的十六烷基臂，可在氯仿等溶剂中形成单分子胶束，分子之间不易聚集，从而能够制备尺寸均一的 CdS 量子点。

附录3–1　以两亲性超支化聚酰胺－胺作为纳米反应器制备金属纳米晶体

HPAMAM-PC两亲性单分子胶束可以络合Cd^{2+}，同样可以用于络合Au^{3+}和Ag^+，并用于制备Au和Ag纳米晶体。其制备方法类似于上述CdS量子点的制备。以制备Au纳米晶体为例，将HPAMAM-PC溶于氯仿，加入含有$HAuCl_4$的水溶液（pH=6.8），经过24小时搅拌，$AuCl_4^-$被转移至HPAMAM-PC单分子胶束内。静置分层，取氯仿相，加入数滴$NaBH_4$水溶液，搅拌1小时后氯仿溶液变为淡紫红色，静置分层可得到Au纳米晶体的氯仿溶液。

附图3-1为Au和Ag纳米晶体的TEM照片。其尺寸均小于2 nm。但其尺寸分布较宽，这是由于Au和Ag纳米晶体成核和生长速度较快，尺寸均一性不易控制。

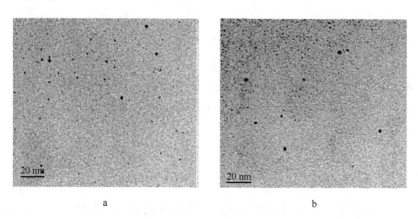

a　　　　　　　　　　　　　　　　b

附图3-1　HPAMAM-PC单分子胶束内制备的Au（a）和Ag（b）纳米晶体的TEM照片

Figure S3-1　TEM images of（a）Au nanocrystals and（b）Ag nanocrystals prepared within the HPAMAM-PC unimolecular micelles

金属纳米晶体的合成机制与CdS量子点合成原理基本类似，在将$AuCl_4^-$封装至HPAMAM-PC单分子胶束内后，滴加数滴$NaBH_4$水溶液即可得到Au纳米晶体的氯仿溶液。虽然HPAMAM-PC的胺基对$AuCl_4^-$等具有还原作用，

但是其对近中性的 $AuCl_4^-$ 的还原性较弱，只能还原得到较大尺寸（＞2 nm）的 Au 纳米颗粒。当使用强酸性的 $AuCl_4^-$ 水溶液时，HPAMAM-PC 能够在数分钟内将 $AuCl_4^-$ 还原为较大尺寸（＞2 nm）的 Au 纳米颗粒。为了得到小尺寸的 Au 纳米点（＜2 nm），本实验引入了 $NaBH_4$ 用来还原弱酸性的 $AuCl_4^-$。

第四章　超分子自组装纳米反应器制备 CdS 量子点及其相行为研究

4.1　引　言

　　量子点，又称为半导体纳米晶体，尺寸为 $1 \sim 10$ nm。由于它的优异光学性能，已经引起了科学界的广泛兴趣[139-141]。量子点的尺寸和形状可以精确地通过反应时间、温度、配体来控制。一般而言，无水 TOPO/TOP 方法和硫醇或多磷酸盐作为稳定剂在水中合成法是两种常用来合成近单分散和高荧光性能半导体量子点的化学方法。

　　近年来，一种采用嵌段共聚物、树枝状聚合物等作为纳米反应器和稳定剂合成 CdS 量子点的方法已经产生[122-124]。聚合物首先隔离 Cd^{2+}，与 S^{2-} 反应后，它们能够稳定制备的 CdS 量子点，防止它们团聚。以聚合物为模板制备量子点的方法整合了量子点和聚合物的特性，它们能够很容易在基体表面成膜和组装，这为我们调节量子点的力学、光学、电学和磁学性能提供了很好的便利[142]。

　　本章提出了一种通过超支化聚合物和脂肪酸自组装超分子胶束来合成 CdS 量子点的简单而有效的方法。与支化聚合物合成的量子点相比，本方法合成量子点的尺寸分布能够得到更好的控制，合成的量子点可以在水油两相体系中自由转移。虽然基于支化聚合物和长链或短链羧酸制备的超分子胶束已经用来封装水溶性染料和金属离子[143-145]，但是基于这种自组装来合成和相转移量子点的方法尚未有报道。目前，已有很多通过酰氯、酮或醛等修饰聚乙烯亚胺（HPEI）等支化聚合物，以形成核壳结构型两亲性超支化聚合物，并用来封装染料[146-148]或合成金属纳米晶体[42-44]的报道。与这种方法相比，本章所述的超分子组装体制备量子点的方法具有产物无须提纯、量子点能够在氯仿相和水相之间相转移等优点。

4.2 实验部分

4.2.1 实验试剂、仪器及设备

实验用化学试剂如表 4-1 所示。

表4-1 实验用化学试剂
Table 4-1 Chemical reagents used in the experiments

中文名	生产厂家	纯度	提纯步骤
甲醇	国药集团化学试剂公司	AR	直接使用
乙醇	国药集团化学试剂公司	AR	直接使用
氯仿	国药集团化学试剂公司	AR	直接使用
超纯水	—	Milli-Q	直接使用
三乙胺	国药集团化学试剂公司	AR	氢化钙搅拌过夜，蒸馏提纯
丙烯酸甲酯	Aldrich	99%	直接使用
乙二胺	国药集团化学试剂公司	99%	直接使用
超支化聚乙烯亚胺（DB=60%，M_n=1×10^4，PDI=2.5）	Aldrich	—	直接使用
棕榈酸	Alfa Asesa	99%	直接使用
醋酸镉（Cd（CH$_3$COO）$_2$·2H$_2$O）	国药集团化学试剂公司	AR	配制成一定浓度水溶液使用
无水硫化钠	Alfa Asesa	99%	配制成一定浓度水溶液使用

实验仪器及设备如表4-2所示。

表4-2　实验仪器及设备
Table 4-2　Apparatus used in the experiments

仪器	型号	生产厂家
磁力搅拌器	85-2型恒温磁力搅拌器	上海司乐仪器有限公司
旋转蒸发仪	RE-5299	巩义市予华仪器有限责任公司
循环水式真空泵	SHZ-D（Ⅲ）型	巩义市予华仪器有限责任公司
旋片式真空泵	2XZ型	上海康嘉真空泵有限公司
真空干燥箱	DZF-6020型	上海精宏实验设备有限公司
电子天平	Mettler Toledo EL104型	梅勒特-托利多仪器（上海）有限公司
电热鼓风干燥箱	101C-3B型	上海市实验仪器总厂

4.2.2　端胺基超支化聚酰胺－胺的合成

超支化聚酰胺-胺（HPAMAM）的合成与第三章中HPAMAM的合成相同，具体合成步骤参见3.2.2。苯甲酰氯封端后，聚合物数均分子量M_n等于8320，分子量分布为1.90。

4.2.3　超分子自组装体的制备

以超支化聚乙烯亚胺（HPEI）为例，取120.5 mg端基为胺基的HPEI，加入40 mL氯仿，搅拌溶解后加入236.4 mg棕榈酸（PA），搅拌过夜，可得到PA和HPEI通过静电相互作用和离子对构筑的自组装纳米反应器，简称HPEI/PA。本体系中，HPEI的伯胺和PA的摩尔比为1:1。

4.2.4　利用超分子自组装体制备 CdS 量子点

将含有8 mg Cd（CH$_3$COO）$_2$·2H$_2$O的水溶液5 mL加入到HPEI/PA氯仿溶液中，搅拌48小时后静置分层。取下层氯仿溶液，通氮气10 min，然后滴加含有1.17 mg Na$_2$S的无氧水溶液2 mL。继续通氮气10 min，然后在常温下反应1小时。静置分层，即可得到澄清的CdS量子点的氯仿溶液。

4.2.5　CdS 量子点的相转移

取上述CdS量子点的氯仿溶液，加入过量的三乙胺，搅拌 1 小时后加入等体积的超纯水，数分钟后，可看到下层微黄色的氯仿溶液变为无色，而上层水溶液变为浅黄色。由此可判断CdS量子点由氯仿相转移到了水相。

4.2.6　表征

① 傅里叶变换红外光谱（FT-IR）是在 Perkin Elmer Paragon 1000 傅里叶变换红外光谱仪上测定的。将样品的氯仿溶液滴在溴化钾压片上红外灯下烘干，或者将样品直接涂抹于溴化钾压片上，然后进行FT-IR测试。

② 动态光散射（DLS）测试是在 Zetasizer Nano S（Malvern Instruments Ltd.，Malvern，Worcestershire，英国）上测定的。所用激光波长为 632 nm，散射角为 173°，测试温度为 25 ℃，溶剂为氯仿。测试前，溶液用 0.22 μm 的过滤头进行过滤。

③ 紫外－可见光光谱（UV-Vis）在 Perkin Elmer Lamdba 20/2.0 UV-Vis 光谱仪上进行测定。

④ CdS量子点在水油两相的照片由 Sony DSC-S70 数码相机拍摄。

⑤ 透射电镜（TEM）和X射线能谱（EDS）表征是在 JEOL-2010 型透射电镜上进行的，加速电压为 200 kV。

⑥ 热失重分析（TGA）是在 TGAQ 5000 热分析仪上测得的，所有样品测试均在氮气保护下，先于 100 ℃停留 10 min，然后以 20 ℃ /min 的升温速率进行测定。

4.3　结果与讨论

4.3.1　超分子自组装体的表征

HPEI和PA可以通过静电相互作用构成超分子组装体。图 4-1 给出了 HPEI、PA和两者复合物的红外光谱图。在两者复合后，PA位于 1695 cm^{-1} 处的羰基伸缩振动峰消失，在 1558 cm^{-1} 处出现了羧酸盐的非对称伸缩振动峰。

这表明了 PA 和 HPEI 的静电相互作用是存在的，两者通过静电相互作用得到具有亲水核疏水壁的超分子胶束。如图 4-2 所示，HPEI 的流体力学尺寸为 5.1 nm，而 HPEI/PA 复合物的平均尺寸为 6.8 nm。这是由于在引入 PA 后，PA 复合在 HPEI 的表面，从而导致聚合物的流体力学尺寸有所增加。DLS 结果同样表明 HPEI 和 PA 两者形成了核壳结构的超分子自组装胶束。

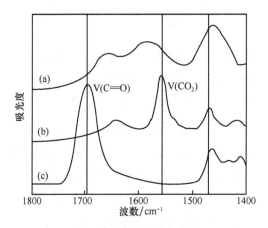

图 4-1　HPEI（a）、HPEI/PA 复合物（伯胺和 PA 摩尔比为 1:1）

（b）和 PA（c）的 FT-IR 光谱

Figure 4-1　FT-IR spectra of（a）neat HPEI，（b）HPEI/PA complex（the molar ratio of primary amine groups to palmitic acid is 1）in chloroform solution，（c）neat palmitic acid

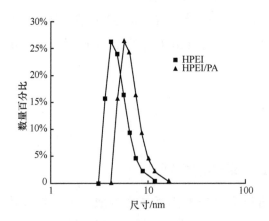

图 4-2　DLS 测定的 HPEI 和 HPEI/PA 的尺寸分布

Figure 4-2　Size distribution of HPEI and HPEI/PA，measured by DLS

4.3.2　基于超分子纳米反应器制备 CdS 量子点的机制

HPEI/PA 超分子胶束能够通过具有络合能力的胺基络合金属离子，因此可以用作纳米反应器合成金属或半导体量子点。由于静电组装自身的可逆性，可以通过破坏或重新构建这种超分子组装很方便地实现量子点在水油两相体系的转换。如图 4-3 所示，在氯仿/水两相体系中，水相的 Cd^{2+} 首先被转移并隔离在位于氯仿相的 HPEI/PA 超分子胶束中，在与水相的 S^{2-} 反应后，HPEI/PA 稳定生成的 CdS 量子点。本书所用的两相体系具有以下优点：① Cd^{2+} 和 HPEI 的配比无须考虑，这是由于 HPEI 对 Cd^{2+} 的络合能力是一定的，当 HPEI 对 Cd^{2+} 的封装达到饱和时，水相中过量的 Cd^{2+} 无法再转移到氯仿溶液中；② 体系可以加入过量的 S^{2-}，当水相的 S^{2-} 与 HPEI/PA 封装的 Cd^{2+} 完全反应后，剩余的 S^{2-} 只能停留在水相，因此，S^{2-} 加入量无须控制；③ 生成的 CdS 量子点无须提纯等后处理，CdS 量子点尺寸均一。本章所制得的 CdS 量子点溶液为浅黄色，具有较好的稳定性，可放置数月而不絮凝。

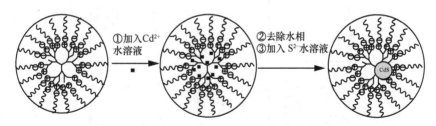

图 4-3　以超支化聚合物 HPEI 和 PA 制备的自组装纳米反应器合成 CdS 量子点示意

Figure 4-3　Schematic illustration of the synthesis of CdS quantum dots within self-assembled nanoreactors prepared from hyperbranched polymer HPEI and fatty acid PA

4.3.3　CdS 量子点的表征

4.3.3.1　相转移过程

一般而言，酸碱化学和离子对驱动的静电组装具有可逆特性。正如 Crooks 等[143]报道，加入 HCl 或用溶剂稀释将会破坏这种组装。当我们把过量的三乙胺加入到 CdS 量子点的氯仿溶液中后，三乙胺和 PA 之间的静电相互作用将与 HPEI 和 PA 之间的静电相互作用竞争。当 HPEI/PA 超分子胶束破坏后，

CdS量子点的表面将会由疏水性的PA转变为亲水性的HPEI层。在向氯仿溶液中加入一定的超纯水并辅以搅拌后，CdS量子点便以CdS/HPEI纳米复合物的形式转移到水相。水相中浅黄色的出现可以判断CdS量子点从氯仿相转移到了水相，如图4-4所示。把转移到水相的样品旋转蒸发干后，由于HPEI和PA之间的静电相互作用，CdS量子点能够再次溶于含有PA的氯仿溶液中，并以CdS-HPEI/PA的形式存在。

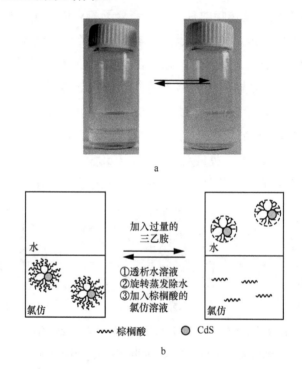

图4-4　HPEI/PA制备的CdS量子点的相转移过程（a）及
CdS量子点在水油两相之间相转移示意（b）

Figure 4-4　（a）Phase transfer of CdS QDs prepared within HPEI/PA demonstrated
by photograph made under daylight, （b）a schematic illustration of transfer of CdS QDs
between organic and aqueous phases

注：a左图：HPEI/PA自组装胶束制备的CdS量子点；a右图：转移到水相的CdS量子点，
以CdS/HPEI纳米复合物形式存在

Left: QDs prepared within self-assembled micelles HPEI/PA. Right: QDs transferred into
aqueous phase in the form of CdS/HPEI nanocomposites

4.3.3.2　DLS 表征

CdS 纳米复合物的流体力学尺寸可通过 DLS 得到。如图 4-5 所示，氯仿相制备的 CdS 纳米复合物（CdS-HPEI/PA）的尺寸为 6.8 nm，当它转移到水相后尺寸降低为 5.2 nm。这是由于 CdS 量子点从氯仿相转移到水相后 PA 将不再包覆在 CdS 表面，CdS 量子点是以 CdS-HPEI 复合物的形式存在的。DLS结果也表明在加入三乙胺后，HPEI/PA 超分子组装体的核壳构型并没有翻转，而是被破坏了。

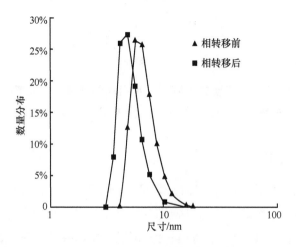

图 4-5　CdS 纳米复合物在相转移前和相转移后的流体力学尺寸分布（由 DLS 测定）

Figure 4-5　Size distribution of CdS nanocomposites before and after phase transfer，measured by DLS

4.3.3.3　UV-Vis 表征

CdS 量子点的尺寸可以通过用 Brus 有效质量模型公式根据吸收峰得到。自组装胶束制备的 CdS 量子点在 326 nm 有一个吸收平台，如图 4-6a 所示。根据此吸收平台可知，CdS 量子点约为 2.5 nm。转移到水相的 CdS 量子点在 364 nm 处有一吸收峰，如图 4-6b 所示，根据 Brus 有效质量模型公式[128, 138]计算可知，CdS 量子点的尺寸为 2.8 nm。我们可以看到，在相转移前后 CdS 量子点的尺寸有稍微变化，这可能是由于相对于 HPEI/PA 超分子胶束而言，HPEI

对 CdS 量子点的包覆较为疏松，HPEI 包覆的 CdS 量子点的尺寸有所增长。

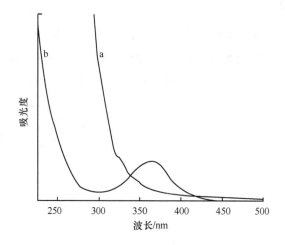

图 4-6　CdS 量子点在相转移前（a）和相转移后（b）的吸收光谱

Figure 4-6　Absorption spectra of CdS QDs（a）before and（b）after phase transfer

4.3.3.4　TEM 表征

　　CdS 量子点的形貌可用 TEM 来表征。图 4-7a 给出了以超分子自组装胶束为模板制备的 CdS 量子点的 TEM 照片。纳米粒子是近单分散的，尺寸约为 3 nm。从相对应的 EDS 图（附录 4-1）可以证实 Cd 和 S 元素的存在，从而证明 CdS 量子点的存在。当 CdS 转移到水相后，尺寸变化不大，如图 4-7b 所示。

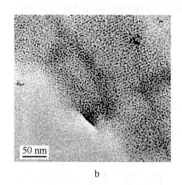

a   b

图 4-7　CdS 量子点在相转移前（a）和相转移后（b）的 TEM 照片

Figure 4-7　TEM images of CdS QDs（a）before and（b）after phase transfer

4.3.3.5　FT-IR 表征

图 4-8 给出了 HPEI、HPEI/PA、HPEI/PA 自组装胶束制备的 CdS 量子点和转移到水相以 CdS/HPEI 纳米复合物形式存在的 CdS 量子点在 $500 \sim 4000~\text{cm}^{-1}$ 的 FT-IR 光谱。图 4-8 中，$2916 \sim 2942~\text{cm}^{-1}$ 区域和 $2818 \sim 2850~\text{cm}^{-1}$ 区域分别对应于—CH_2—的非对称和对称伸缩振动峰。图 4-8c 中伯胺的弯曲振动位于 $1656~\text{cm}^{-1}$，而对图 4-8a、图 4-8b 和图 4-8d 来说，它分别移动至 $1643~\text{cm}^{-1}$、$1642~\text{cm}^{-1}$ 和 $1660~\text{cm}^{-1}$。这是由于 HPEI 在与 PA 或 CdS 复合后构象发生了变化，从而导致其红外频率的变化。与图 4-8a 和图 4-8b 比较可知，当 CdS 转移到水相以 CdS/HPEI 复合物形式存在时，位于 $2956~\text{cm}^{-1}$ 的—CH_3 伸缩振动峰消失了，如图 4-8d 所示。这意味着 HPEI/PA 自组装胶束的破坏，PA 不再包覆于 CdS 量子点的表面。

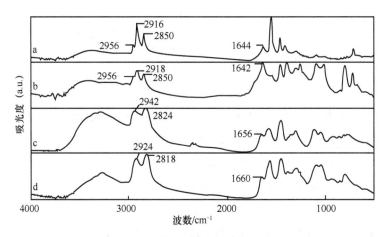

图 4-8　HPEI/PA（a）、HPEI/PA 制备的 CdS 量子点（b）、HPEI（c）和转移到水相的 CdS 量子点（以 CdS/HPEI 纳米复合物形式存在）（d）的 FT-IR 光谱

Figure 4-8　FT-IR spectra of（a）HPEI/PA，（b）CdS QDs prepared within HPEI/PA，（c）HPEI and（d）CdS QDs transferred into aqueous phase in the form of CdS/HPEI nanocomposites

4.3.3.6　TGA 表征

CdS 量子点在相转移前后的组成可通过 TGA 得到，如图 4-9 所示。在 300 ℃

以下的失重是由于PA的降解和物理结合水的去除造成的。300～450 ℃则是HPEI的降解区域。在800 ℃时，HPEI/PA自组装胶束制备的CdS量子点和转移到水相以CdS/HPEI复合物形式存在的CdS量子点分别失重98%[①]和95%，而纯HPEI失重100%。TGA结果表明在相转移前后都是有CdS量子点存在的，在转移前后CdS量子点的含量分别为2%和5%。

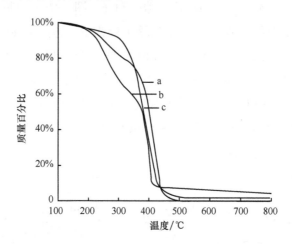

图4-9　HPEI/PA（a）、HPEI/PA制备的CdS量子点（b）和转移到水相的CdS量子点（以CdS/HPEI纳米复合物形式存在）（c）的TGA质量损失曲线（升温速率为20 ℃/min）

Figure 4-9　TGA weight loss curves of（a）HPEI/PA，（b）CdS QDs prepared in HPEI/PA and（c）CdS QDs transferred into aqueous phase in the form of CdS/HPEI nanocomposites（the heating rate was 20 ℃/min）

4.3.4　构筑新的超分子自组装体并用于制备CdS量子点

HPEI不仅溶于水，也能溶于氯仿，它可以很容易地和PA通过静电复合形成超分子组装体。超支化聚酰胺-胺（HPAMAM）易溶于水，而在氯仿中溶解效果并不好。然而端基为胺基的HPAMAM也能溶于含有PA的氯仿溶液，可见，两者也可以通过静电相互作用形成超分子胶束。与HPEI/PA静电复合类似，PA通过静电相互作用包覆在HPAMAM周围从而形成亲水支化核、疏水烷基臂的超分子组装胶束。通过4.2节所述的方法，我们也通过

---

① 本段百分数为质量百分比。

HPAMAM/PA 自组装纳米反应器成功制备了 CdS 量子点并实现了其在水油两相的转移。图 4-10 为通过 HPAMAM/PA 自组装纳米反应器制得的 CdS 量子点的 TEM 照片。CdS 量子点尺寸较为均一，直径约为 4.1 nm。

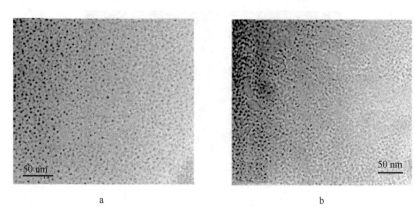

图 4-10　HPAMAM/PA 自组装胶束制备的 CdS 量子点（a）和转移至水相的

CdS 量子点（以 CdS/HPAMAM 纳米复合物形式存在）（b）的 TEM 照片

Figure 4-10　TEM images of CdS QDs（a）prepared within self-assembly micelles

HPAMAM/PA and（b）transferred in the aqueous phase in the form of CdS/HPAMAM

nanocomposites

4.4　结　论

① 本章利用超分子组装纳米反应器成功制备了尺寸均一的 CdS 量子点。

② 超分子纳米反应器是由脂肪酸和端基为胺基的超支化聚合物通过静电相互作用和离子对驱动制备的。脂肪酸可以为棕榈酸、癸酸、硬脂酸、月桂酸、肉豆蔻酸等长链脂肪酸的一种。超支化聚合物是指端基为胺基的超支化聚酰胺-胺、聚乙烯亚胺、聚砜胺等。

③ 本章实现了超分子纳米反应器制备的 CdS 量子点在水油两相间的相转移。通过这种策略，水溶性的超支化聚合物可以用来在油相中制备量子点，这也为量子点等纳米材料在不同条件下的应用铺平了道路。

附录 4-1　CdS 量子点的 X 射线能谱图

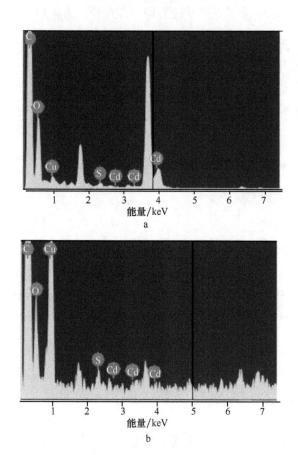

附图 4-1　HPEI/PA 自组装胶束制备的 CdS 量子点（a）和转移到水相的 CdS 量子点（以 CdS/HPEI 纳米复合物形式存在）（b）的 X 射线能谱图

Figure S4-1　EDS spectra of CdS QDs before and after phase transfer: （a）QDs prepare within HPEI/PA self-assembly micelles，（b）QDs transferred in the aqueous phase in the form of CdS/HPEI nanocomposites

第五章　利用超支化聚合物原位制备磁性非病毒基因载体及磁转染性能研究

5.1　引　言

非病毒基因载体是指人工合成的试剂和添加物等，它们可以阻止基因在运输过程中降解和协助它们通过细胞障碍[48]。这些基因输送载体具有生物安全、生物相容、易于合成和修饰等优点。目前，人们已经合成了大量的基因转染试剂，如阳离子脂质体、阳离子聚合物等[149-155]。然而与病毒性载体相比，它们的转染效率相对较低，在体内也不能靶向到特定的组织和细胞，因此非病毒基因载体的性能尚有待提高[156]。为了解决这些问题，人们开发了一种称为磁转染的新方法[48, 113-114, 157-158]。

磁转染是一种利用磁纳米粒子和基因转染试剂结合后进行基因转染的方法，具体为把磁纳米粒子和基因转染试剂结合后与DNA复合，在外部磁场作用下，将此磁纳米复合物迅速富集于靶向细胞表面，并促进其被靶向细胞摄取。把磁性纳米粒子和基因转染试剂相结合后，可形成磁性基因载体。在磁场作用下，这种载体可以被快速地拉向细胞表面并在细胞表面聚集。Plank、Rosenecker等在非病毒磁转染方面做了大量的工作[48, 113-114, 157-158]。把磁性纳米粒子和聚乙烯亚胺（PEI）等转染试剂相结合后，转染过程可以缩短到几分钟，转染效率可提高至数百倍[48]。目前，人们制备磁性基因载体的常用方法是用PEI等转染试剂包覆已制备好的磁性纳米粒子。与这种方法相比，利用非病毒基因载体原位制备磁性纳米粒子将会更便捷有效，而且得到的纳米粒子/聚合物的水合尺寸更小，更有利于细胞内吞。

本章我们提出了一种原位制备磁性非病毒基因载体的便捷方法，并研究了超支化聚乙烯亚胺（HPEI）的分子量对转染效率的影响。HPEI是最理想的非病毒基因载体之一，在本章工作中，HPEI不仅被用作纳米反应器和稳定剂来合成磁性纳米粒子，而且被我们巧妙地用来代替碱金属氢氧化物或氨水为反应提供所需要的碱。我们通过调节$HPEI/FeSO_4 \cdot 7H_2O$质量比和改变HPEI的分子量制备了不同磁含量和饱和磁化强度的磁性非病毒基因载体。MTT评估表明，这种磁性非病毒基因载体的毒性比相对应的HPEI的毒性小，其磁转染性能比HPEI高，研究发现，荧光素酶在COS-7细胞内的表达量最高可达到HPEI标准转染的13倍。

5.2 实验部分

5.2.1 实验试剂、仪器及设备

实验用化学试剂如表5-1所示，实验用生物试剂如表5-2所示。

表 5-1 实验用化学试剂

Table 5-1 Chemical reagents used in the experiments

中文名	生产厂家	纯度	提纯步骤
超纯水	—	Milli-Q	直接使用
超支化聚乙烯亚胺（HPEI）：HPEI60k（$M_n=6 \times 10^4$ g/mol, $M_w/M_n=1.25$），	Aldrich	50%（质量百分比）	直接使用
超支化聚乙烯亚胺（HPEI）：HPEI10k（$M_n=1 \times 10^4$ g/mol, $M_w/M_n=2.50$），	Aldrich	100%（质量百分比）	直接使用
超支化聚乙烯亚胺（HPEI）：HPEI1.2k（$M_n=1.2 \times 10^3$ g/mol, $M_w/M_n=1.08$）	Aldrich	50%（质量百分比）	直接使用
七水硫酸亚铁	国药集团化学试剂公司	99%	配成水溶液使用
过氧化氢溶液	国药集团化学试剂公司	30%（质量百分比）	直接使用

续表

中文名	生产厂家	纯度	提纯步骤
4-羟乙基哌嗪乙磺酸 （4-（2-hydroxyerhyl）piperazine- 1-erhaesulfonic acid，Hepes）	Alfa Asesa	99%	直接使用
氯化钠	国药集团化学试剂公司	99.5%	直接使用
氯化镁	国药集团化学试剂公司	98%	直接使用

表 5-2　实验用生物试剂

Table 5-2　Biological reagents used in the experiments

名称	生产厂家	提纯步骤
荧光素酶报告基因载体 （pGL3-control vector）	Promega	直接使用
荧光素酶质粒DNA	—	荧光素酶报告基因载体在 大肠杆菌中扩增之后，利 用质粒提取试剂盒提纯
杜尔贝科改良伊格尔培养基 （DMEM，4.5 g/L葡萄糖）	Invitrogen	直接使用
胎牛血清（fetal bovine serum，FBS）	Invitrogen	直接使用
青霉素（penicillin）	Invitrogen	直接使用
链霉素（streptomycin）	Invitrogen	直接使用
3-（4，5-二甲基噻唑）-2，5-二苯基 溴化四唑（3-（4，5-dimethylthiazol- 2-yl）-2，5-diphenyl tetrazolium bromide，MTT）	Sigma	直接使用

实验仪器及设备如表 5-3 所示。

表5-3　实验仪器及设备

Table 5-3　Apparatus used in the experiments

仪器	型号	生产厂家
磁力搅拌器	85-2型恒温磁力搅拌器	上海司乐仪器有限公司
旋转蒸发仪	RE-5299	巩义市予华仪器有限责任公司

仪器	型号	生产厂家
循环水式真空泵	SHZ-D（Ⅲ）型	巩义市予华仪器有限责任公司
电子天平	Mettler Toledo EL104型	梅勒特-托利多仪器（上海）有限公司
电热鼓风干燥箱	101C-3B型	上海市实验仪器总厂
电子节能控温仪	ZnHW-Ⅱ型	巩义市予华仪器有限责任公司
超声波清洗器	CQ3200型	上海弘兴超声电子有限公司
冻干机	Alpha 1-4/LDplus	德国Christ公司
手套箱	Labstar	德国Braun公司

5.2.2 铁氧纳米晶体/HPEI磁性非病毒基因载体的制备（Mag-HPEI）

示例为：将 2 g HPEI60k（50 % 质量百分比）溶于 50 mL 超纯水中，通氮气 30 min。然后将 10 mL 无氧 $FeSO_4 \cdot 7H_2O$ 水溶液（100 mg/mL）在 20 min 内逐滴加入到聚合物溶液中。常温下搅拌 6 小时，水溶液此时由最开始的无色变为蓝绿色。在滴加 0.12 mL H_2O_2 后，溶液变为黑色。常温继续反应 0.5 小时，然后升温至 80 ℃ 并反应 3 小时。需要指出的是，整个反应过程中一直保持通氮气状态，以防止产物被氧化。静置过夜后，将该磁性溶液浓缩并透析 3 天。

我们通过改变 $FeSO_4 \cdot 7H_2O$/HPEI 质量比和 HPEI 的分子量制备了一系列不同的样品，如表5-4所示。

表5-4　样品的原料配比
Table 5-4　Material ratio of the samples prepared

样品编号	$FeSO_4 \cdot 7H_2O$/HPEI质量比	样品简称
1	$FeSO_4 \cdot 7H_2O$/HPEI60k = 1	Mag-HPEI60k
2	$FeSO_4 \cdot 7H_2O$/HPEI60k = 0.7	Mag-HPEI60k-0.7
3	$FeSO_4 \cdot 7H_2O$/HPEI60k = 0.4	Mag-HPEI60k-0.4
4	$FeSO_4 \cdot 7H_2O$/HPEI10k = 1	Mag-HPEI10k

5.2.3　COS-7 细胞的培养

COS-7 细胞是在 DMEM 血清、10% 胎牛血清、青霉素（100 units/mL）和链霉素（100 μg/mL）中在 5% CO_2 潮湿空气中培养的，温度保持在 37℃。铺满的单层细胞按照标准程序每 3 天传递一次。

5.2.4　表征

① 透射电镜（TEM）、选区电子衍射（SAED）和 X 射线能谱（EDS）表征是在 JEOL -2010 型透射电镜上进行的，加速电压为 200 kV。

② X 射线衍射光谱（XRD）是在 D/max-2550/PC X 射线衍射仪上测定的，电压为 35 kV，电流为 200 mA，CuK α 放射。

③ X 射线光电能谱（XPS）是在 Axis Ultra DLD 型 X 射线光电子能谱仪上测定的，单色化 Al 靶。电压为 15 kV，电流 10 mA。全谱通能为 160 eV，元素谱通能为 40 eV。

④ 热失重分析（TGA）是在 TGAQ 5000 热分析仪上测得的，所有样品均在氮气保护下测试，先于 100℃ 除水 10 min，然后以 20 ℃ /min 的升温速率进行测定。

⑤ 磁化性能是在振动样品磁强计（VSM，Lakeshore-7407）上室温下测定的，磁场（H）范围为 ±17 000 Oe。

⑥ 原子力显微镜（AFM）照片是在 Nanoscope Ⅲa 显微镜下以接触模式拍摄的，扫描范围为 2 μm。将质粒 DNA 用 Hepes 缓冲液稀释到 1 nmol/5 μL。Hepes 缓冲液含有 4 mmol/L Hepes、10 mmol/L NaCl 和 2 mmol/L $MgCl_2$（pH=7.4）。AFM 待测样制备如下：首先将 5 μL DNA 加入 Mag-HPEI 的 Hepes 缓冲溶液中，常温培养 5 min，然后滴加在干净的云母片上，最后将云母片表面用水洗涤 2 次并自然干燥。

⑦ 壳聚糖凝胶电泳是在 BIO-RAD 公司的 Universal Hood Ⅱ 电泳仪上测定的。制样如下：将 Mag-HPEI 的 Hepes 溶液（N: 8.36 nmol/μL）和 5 μL DNA（P: 0.43 nmol/μL）以不同的 N/P 比复合 30 min，然后将复合物与溴酚蓝染料（bromophenol blue dye）一起注射到壳聚糖凝胶中。

⑧ MTT检测：将COS-7细胞以8000个/孔的密度接种于含有200 μL培养基的96孔板中。在培养24小时后，吸弃细胞培养液，加入含有Mag-HPEI的培养液200 μL。细胞生长24小时后，在每孔中均加入20 μL溶于PBS的MTT检测溶液（5 mg/mL）。在培养4小时后，小心去除培养液中未反应的染料。将得到的蓝水晶甲䐶（blue formazan crystals）分别溶于200 μL DMSO，用Elx800酶标仪在490 nm测定其吸光度。

⑨ 转染测试：COS-7细胞以10 000个/孔的密度接种于96孔板，培养16～24小时。吸弃细胞培养液，用100 μL阴性培养液洗涤细胞，吸弃，加50 μL阴性培养液继续培养；配制Mag-HPEI与DNA的复合物50 μL，其中，DNA用量0.2 μg，采用不同的Fe/DNA质量比配制。游离的HPEI（N/P = 10）也可在此时加入。Mag-HPEI/DNA复合物静置20 min后加到细胞中，将培养板置于磁板上孵育20 min；吸弃培养液，加新鲜的完全培养基200 μL，继续培养48小时后测发光强度（RLU）。发光强度通过GloMaxTM 96 微孔板光度计（Promega，美国）测定。得到的发光强度根据BCA蛋白检测试剂盒（碧云天生物，中国）检测的细胞内蛋白的浓度进行归一化。

5.3　结果与讨论

5.3.1　磁性非病毒基因载体合成机制

目前，大量的合成材料被用作基因携带载体并用于基因转染。作为其中之一，阳离子超支化聚合物HPEI能够把DNA压缩为紧密的纳米粒子，而且具有独特的质子海绵效应，能够把DNA有效释放在细胞内部[159]。HPEI具有大量的胺基，能够络合铁离子并用来制备氧化铁纳米粒子。HPEI具有较高的碱性，如20 mg/mL HPEI60k水溶液的pH高达11.0，它的碱性足够用于制备氧化铁纳米晶体。如果我们采用HPEI来制备氧化铁纳米晶体，那么就不必再引入碱金属氢氧化物或氨水等，这也简化了实验过程。因此，本章综合HPEI的以上特点，利用HPEI基因载体原位制备尺寸均一的磁性纳米粒子并用作磁性非病毒基因载体。

二价铁离子先与HPEI的胺基络合，然后与HPEI自身的碱反应生成氢氧化亚铁。在加入过氧化氢溶液氧化、熟化和透析后，即可成功制备磁性非病毒基因载体。我们将该磁性非病毒基因载体与 DNA 复合，并研究了其磁转染性能，如图 5-1 所示。

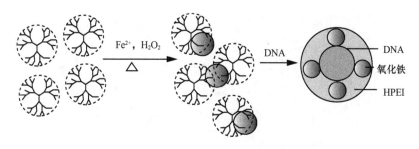

图 5-1　Mag-HPEI 磁性非病毒基因载体的原位制备和压缩 DNA 示意

Figure 5-1　Illustration for the in-situ preparation of Mag-HPEI magnetic nonviral gene vectors and DNA condensation by them

　　实验发现，HPEI60k 和 HPEI10k 都能很好地稳定生成磁性纳米晶体，产物没有沉淀产生。这是由于 HPEI60k 和 HPEI10k 具有大量的胺基和内部空腔，能够将磁性纳米晶体隔离在内部，这有助于防止纳米晶体聚集和氧化。我们也尝试用 HPEI1.2k 制备磁性纳米晶体，但是发现 HPEI1.2k 不能稳定生成的磁粒子，产物易沉淀。由此可见，聚合物分子量对磁纳米晶体的合成有重大的影响。我们认为，小分子量超支化聚合物在溶液中是以相对开放的形态存在，而高分子量超支化聚合物在溶液中是以近似球形的结构存在，近似球形的结构才能更好地包覆和稳定纳米晶体。

5.3.2　磁性非病毒基因载体的表征

5.3.2.1　TEM 表征

　　我们对在不同条件下制备的磁性非病毒基因载体的形貌通过 TEM 进行了表征。如图 5-2 所示，这些样品的尺寸都比较均一，尺寸在 3 nm 左右。磁纳米粒子尺寸较小的原因可以归结为 HPEI 良好的尺寸控制效应。在本书给定的条件范围内（$FeSO_4 \cdot 7H_2O$/HPEI 质量比 $\leqslant$ 1），由于 $FeSO_4 \cdot 7H_2O$/HPEI 质量比并不高，生成的磁纳米晶体能够被限制在 HPEI 内部。纳米晶的生长受到抑制，升高温度和增加反应时间对磁纳米晶体的尺寸影响不大。图 5-2e 给出了磁纳米晶体的 SAED 花样，可以看出它是多晶的结构。图 5-2f 为相对应的 EDS 图，Fe 和 O 元素的出现可证明铁氧化合物的存在。

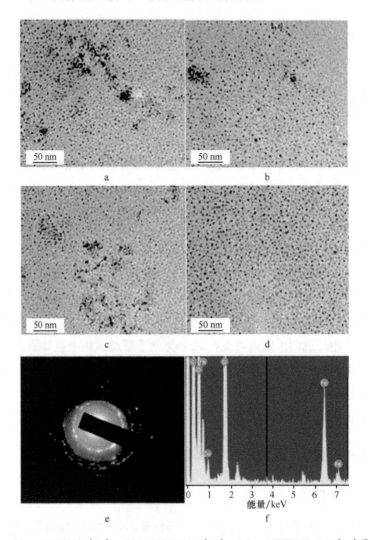

图 5-2　Mag-HPEI60k（a）、Mag-HPEI10k（b）、Mag-HPEI60k-0.7（c）和 Mag-HPEI60k-0.4（d）基因载体的 TEM 照片及 Mag-HPEI60k 的 SAED（e）和 EDS（f）图

Figure 5-2　TEM images:（a）Mag-HPEI60k,（b）Mag-HPEI10k,（c）Mag-HPEI60k-0.7 and（d）Mag-HPEI60k-0.4 gene vectors,（e）SAED and（f）EDS of Mag-HPEI60k gene vectors

5.3.2.2　XRD 表征

图 5-3 给出了所制备磁性非病毒基因载体的 XRD。位于 30.1°、35.7°、43.2°、53.5°、57.0° 和 62.6° 的特征衍射峰分别对应 Fe_3O_4 或 γ-Fe_2O_3 的（220）、（311）、（400）、（422）、（511）和（440）晶面[160-162]。XRD 图中的衍射峰都很宽，这意味着氧化铁纳米晶体的尺寸很小。

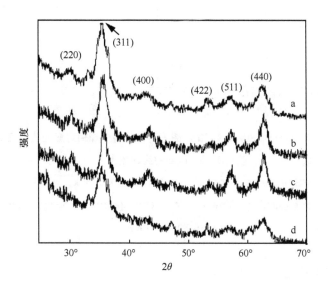

图 5-3　Mag-HPEI60k（a）、Mag-HPEI10k（b）、Mag-HPEI60k-0.7（c）和 Mag-HPEI60k-0.4（d）等基因载体的 XRD 图

Figure 5-3　XRD patterns of（a）Mag-HPEI60k，（b）Mag-HPEI10k，（c）Mag-HPEI60k-0.7 and（d）Mag-HPEI60k-0.4 gene vectors

5.3.2.3　XPS 表征

由于 Fe_3O_4 和 γ-Fe_2O_3 等氧化铁纳米晶体是晶体同构的，我们无法用 XRD 来鉴别它们。由于二价和三价铁离子的内层电子线可通过 XPS 检测到并区分开来，所以我们采用 XPS 来检测纳米氧化铁的表面结构[163-164]。图 5-4 给出了产物的 XPS 谱图。位于 708 eV 和 722 eV 的光电子峰是氧化铁中 Fe 2p3/2 和 2p1/2 的特征双峰，这与 Fe_3O_4 中 Fe 的氧化态一致。

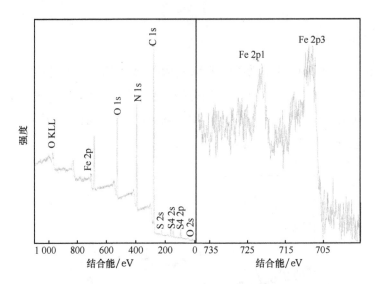

图 5-4　Mag-HPEI60k 样的 XPS 图（附带对各个峰相对应元素的归属）及
Fe 2p 区域的局部放大

Figure 5-4　XPS of the as-prepared samples Mag-HPEI60k，with assignment of the peaks to the corresponding elements（left）and high resolution spectrum of the Fe2p region（right）

5.3.2.4　TGA 表征

HPEI 包覆在磁性纳米晶体表面，该复合物中磁纳米晶体的含量可通过 TGA 表征，如图 5-5 所示。对于 Mag-HPEI，200 ℃ 以下的质量损失可归因为物理吸附水和化学结合水的去除。200 ～ 420 ℃ 为 HPEI 的降解区间。520 ～ 800 ℃ 的质量损失可能是由于在 N_2 氛围下少量的 Fe_2O_3 去氧化而形成了 Fe_3O_4 造成的[162]。由 TGA 测试可估算出 Mag-HPEI60k、Mag-HPEI10k、Mag-HPEI60k-0.7 和 Mag-HPEI60k-0.4 中磁纳米晶体的含量分别为 13.9%、16.5%、10.2% 和 7.8%。

5.3.2.5　磁化强度表征

图 5-6 给出了 Mag-HPEI 基因载体的磁化性能表征。我们通过振动样品磁强计在室温下和磁场（H）范围为 ±17 000 Oe 内测定了饱和磁化强度、矫顽磁力和剩磁。测试中，我们没有发现磁滞现象、矫顽磁力和剩磁，这说

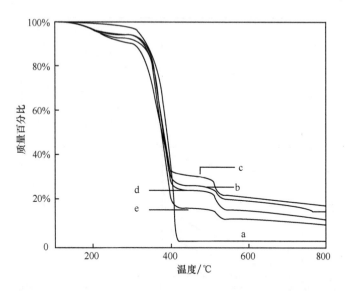

图 5–5　HPEI10k（a）、Mag-HPEI60k（b）、Mag-HPEI10k（c）、Mag-HPEI60k-0.7（d）

和 Mag-HPEI60k-0.4（e）的 TGA 质量损失曲线（升温速率为 20 ℃/min）

Figure 5-5　TGA weight loss curves of（a）pure HPEI10k，（b）Mag-HPEI60k，

（c）Mag-HPEI10k，（d）Mag-HPEI60k-0.7 and（e）Mag-HPEI60k-0.4（the heating

rate was 20 ℃/min）

明该磁性材料是超顺磁的。通过 TGA 数据，我们扣除掉聚合物的质量以得
到每克磁纳米晶体的饱和磁化强度。如图 5-6 所示，Mag-HPEI60k、Mag-
HPEI10k、Mag-HPEI60k-0.7 和 Mag-HPEI60k-0.4 归一化后的饱和磁化强度分
别为 46.4 emu/gFe、39.8 emu/gFe、23.2 emu/gFe 和 9.9 emu/gFe。由图 5-6 可
知，对于在 HPEI 内制备的磁纳米晶体，其饱和磁化强度与 $FeSO_4 \cdot 7H_2O$ 的
浓度成正比。这是因为二价铁盐浓度高时，对形成晶核已经有足够的过饱
和度而大量形成晶核，晶核生长速度相对较快。对于 Mag-HPEI60k 和 Mag-
HPEI10k，它们在合成过程中加入 $FeSO_4 \cdot 7H_2O$ 的质量是一样的，唯一不同在
于 HPEI 聚合物分子量不同。Mag-HPEI60k 比 Mag-HPEI10k 的饱和磁化强度
稍大，但总体来说相差不大。在分子量（M_n）10 000 ～ 60 000 范围内，分子
量对产物的饱和磁化强度的影响不大，但是在高分子量聚合物中磁纳米晶体
更易生长，而且能更好地防止磁纳米晶体被氧化。

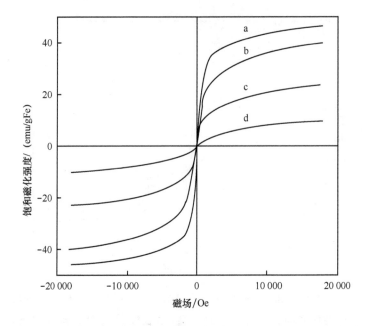

图 5–6　Mag-HPEI60k（a）、Mag-HPEI10k（b）、Mag-HPEI60k-0.7（c）和 Mag-HPEI60k-0.4（d）等基因载体的磁化曲线

Figure 5-6　Magnetization curves of Mag-HPEI gene vectors:（a）Mag-HPEI60k,（b）Mag-HPEI10k,（c）Mag-HPEI60k-0.7 and Mag-HPEI60k-0.4

　　我们得到的磁纳米晶体的饱和磁化强度均比本体Fe_3O_4的饱和磁化强度（92 emu/gFe）低，这是由于HPEI包覆在磁纳米晶体表面造成的。磁粒子表面的包覆物会降低磁粒子的规整性，从而导致其磁性能下降[165-166]。本章所制备的磁纳米晶体被严格控制在HPEI内，其晶体生长速度受到抑制，尺寸较小，也导致了其磁化性能较差。较大尺寸和较高饱和磁化强度的磁性纳米晶体可以通过提高$FeSO_4 \cdot 7H_2O$/HPEI质量比或提高反应温度的方法来制备。

5.3.2.6　细胞毒性

　　基因载体的细胞毒性是判断其能否应用于临床的一个关键因素[167-168]。本章中，Mag-HPEI和HPEI基因载体的细胞毒性是将其在COS-7细胞内培养24小时后通过MTT法评估的。图 5-7 给出了 0 ～ 100 µg/mL HPEI60k、Mag-

HPEI60k、HPEI10k和Mag-HPEI10k在培养后的细胞活性（细胞活性是将样品加入细胞24小时后测定的，每个结果均为6次测试平均值+偏差）。每个样品都具有剂量依赖性细胞毒作用。对于Mag-HPEI60k和Mag-HPEI10k，它们都比相对应的纯HPEI的毒性低。毒性降低的原因是HPEI在络合磁纳米晶体后其表面电荷密度有了很大程度的降低。与Mag-HPEI60k相比，Mag-HPEI10k的细胞毒性较低，这是由于分子量低的HPEI毒性较低的缘故。

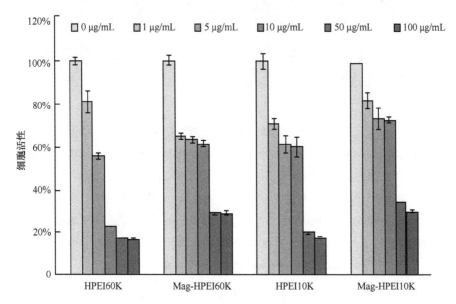

图 5-7　MTT 法测定的 Mag-HPEI 和 HPEI 基因载体在 COS-7 细胞内培养后的
体外细胞活性

Figure 5-7　In vitro cytotoxicity of HPEI and Mag-HPEI gene vectors in COS-7 cell
culture determined by MTT assay

5.3.2.7　凝胶电泳表征

Mag-HPEI基因载体压缩质粒DNA的能力可通过壳聚糖凝胶电泳测定。如图 5-8 所示，Mag-HPEI60k和Mag-HPEI10k都能很好地压缩质粒DNA。当聚合物的N元素和DNA的P元素之间的摩尔比（N/P）大于 4 时，DNA的迁移基本被完全阻止。我们知道阳离子HPEI是用它的胺基和DNA复合来实现压缩DNA的，而在合成Mag-HPEI基因载体过程中大量的胺基被用来络合、稳定生成的磁性纳米晶体，因此其压缩DNA的能力理论上应该有很大程度的下降。尽管如此，Mag-HPEI60k和Mag-HPEI10k还是可以在较低的N/P比下能很好地压缩质粒DNA。

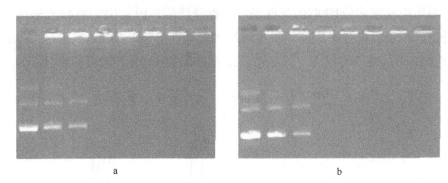

a   b

图 5-8   凝胶阻滞法测定压缩质粒 DNA 的能力

Figure 5-8   Determination of plasmid DNA condensation by gel retardation assay

注：Mag-HPEI60k（a）和 Mag-HPEI10k（b）分别与质粒 DNA 以 0、1、2、4、6、10、

15 和 20 等 N/P 比（从左至右）复合后置于琼脂糖凝胶中

Plasmid DNA was complexed with（a）Mag-HPEI60k and（b）Mag-HPEI10k at various

N/P ratios 0，1，2，4，6，10，15 and 20 from left to right and loaded into an agarose

gel. Complexation prevented DNA migration into gel

5.3.2.8   AFM 表征

Mag-HPEI基因载体压缩质粒DNA的能力也可通过AFM测定。图 5-9a 给出了超螺旋质粒在没有阳离子聚合物存在下沉积在洁净云母片上的具绞旋线构象。图 5-9b 和图 5-9c 分别为 Mag-HPEI60k/DNA 和 Mag-HPEI10k/DNA 复合物在N/P为30 时的AFM图。Mag-HPEI60k在压缩质粒DNA后形成小于 50 nm 的粒子，而Mag-HPEI10k压缩质粒DNA的能力较差，在同样N/P下压缩质粒DNA后形成约 120 nm 的粒子。由此看出，Mag-HPEI60k与质粒DNA有更强的结合能力，这主要是因为HPEI60k分子量较HPEI10k大，正电荷密度较HPEI10k高，因而压缩质粒DNA的能力较HPEI10k强一些。

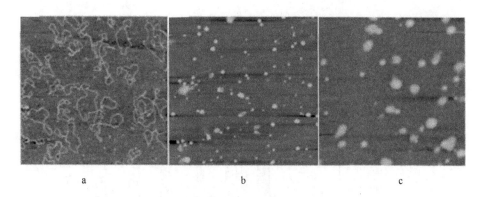

图 5-9　质粒 DNA（a）、Mag-HPEl60k/DNA 在 N/P 比为 30 时复合物（b）和 Mag-HPEl10k/DNA 在 N/P 比为 30 时复合物（c）吸附在洁净云母片上并置于空气中时所拍摄的 AFM 图（每张图的扫描区域均为 2 μm×2 μm）

Figure 5-9　AFM images of（a）pure plasmid DNA，（b）Mag-HPEl60k/DNA complexes at N/P ratio of 30，（c）Mag-HPEl10k/DNA complexes at N/P ratio of 30 deposited on fresh mica surface in air（each image represents a 2×2 μm scan）

5.3.2.9　磁转染性能

我们通过荧光素酶检测评估了 Mag-HPEI 基因载体在 COS-7 细胞内的体外磁转染性能，并与纯 HPEI 进行了比较。所有的转染效率都是在氯喹不存在的情况下测定的（氯喹是已知的一种会破坏红细胞浆质膜的试剂，能够增强 DNA 复合物的转染）。我们研究了 Mag-HPEI 在不同的 Fe/DNA 质量比下并置于磁场时的转染效率，发现其转染性能要比 HPEI 的标准转染好。如图 5-10 所示，对于 Mag-HPEI60k，荧光素酶表达量最高为 HPEI60k 标准转染时荧光素酶表达量的 1.5 倍；对于 Mag-HPEI10k，荧光素酶表达量最高为 HPEI10k 标准转染时荧光素酶表达量的 4 倍。

考虑到 Mag-HPEI 基因载体中大量的胺基被用于络合磁性纳米晶体，我们加入了相应的游离 HPEI 作为转染增强剂。本章中，游离 HPEI 和 DNA 的 N/P 固定为 10。如图 5-10 所示，当加入游离 HPEI 后，荧光素酶的表达量都有很大程度的提高。对于 Mag-HPEI60k，荧光素酶表达量最高为 HPEI60k 标准转染时荧光素酶表达量的 7 倍；对于 Mag-HPEI10k，荧光素酶表达量最高为 HPEI10k 标准转染时荧光素酶表达量的 13 倍。

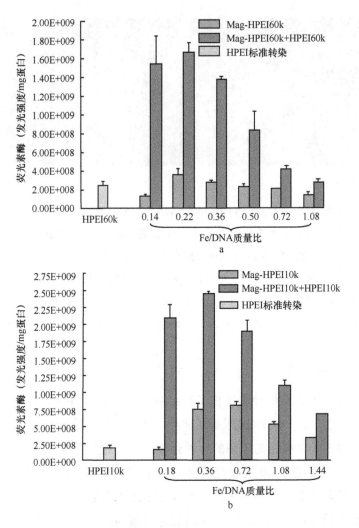

图 5-10　Mag-HPEI60k（a）和 Mag-HPEI10k（b）在 COS-7 细胞内在没有磁场（浅灰色柱）和磁场存在下（白色柱）的非病毒磁转染效率

Figure 5-10　Nonviral magnetofection efficiency of（a）Mag-HPEI60k and（b）Mag-HPEI10k gene vectors in COS-7 cells in the absence（light gray bars）and in the presence（white bars）of a magnetic field compared with standard transfections（black bars）

注：荧光素酶的活性是根据细胞裂解液中蛋白的质量进行归一化，以发光强度（RLU）表示。每个值代表了 3 次测定的平均值 ± 标准差

The luciferase activity was reported as relative light units（RLU）normalized by the mass of total protein in the cell lysate. Each value represents the mean ± SD of three determinations

5.4 结 论

① 本章利用不同分子量的HPEI超支化聚合物原位制备了磁性非病毒基因载体。

② HPEI是最理想的非病毒基因载体之一，在本章中它不仅用作纳米反应器和稳定剂来合成磁性纳米晶体，而且被我们巧妙地用来代替碱金属氢氧化物和氨水为反应提供所需要的碱。

③ 我们通过调节$FeSO_4 \cdot 7H_2O$/HPEI质量比和改变HPEI的分子量制备了不同磁含量和饱和磁化强度的磁性非病毒基因载体。

④ MTT评估表明，本章制备的磁性非病毒基因载体的细胞毒性比相对应的HPEI的毒性小，其磁转染性能比HPEI标准转染效率高。

⑤ 我们发现，Mag-HPEI10k比Mag-HPEI60k的细胞毒性小，其转染效率比Mag-HPEI60k的转染效率高。AFM结果表明，Mag-HPEI10k/DNA复合物的尺寸要比Mag-HPEI60k/DNA复合物大很多，因此，其磁响应要比后者强，在磁场作用下能够更快地吸附到细胞表面。

第六章　通过两亲性超支化聚合物诱导无机纳米晶体在水油界面的组装

6.1 引　言

　　无机纳米晶体具有尺寸决定的独特光学、电学等性能[139-141]，这也引起人们对于它的合成和进一步加工的广泛研究。纳米晶体组装成一维或二维结构是制备纳米器件和纳米结构材料的一种可行的加工方法。迄今为止，人们已相继提出了溶剂挥发组装、静电组装和导向组装等组装策略[169-186]。

　　作为导向组装的一种，液液界面导向组装是常用的一种组装方法。Lin等[169]实现了疏水CdSe纳米晶体在水/甲苯界面的尺寸选择组装。通过降低纳米表面电荷，Reincke等[179-180]成功地将带电荷的Au和CdTe纳米晶体在水/庚烷界面组装。Duan等[182-183]实施了用带有2-溴-二甲基丙酸盐端基的配体包覆带电荷的Au和Fe_3O_4纳米晶体，并实现了它们在界面的组装。最近，Wang等[184]通过超分子相互作用实现了纳米晶体在水油界面的逐级导向组装。在这些报道中，纳米晶体的液液界面组装可以通过调节纳米晶体尺寸或选择合适的小分子包覆配体来控制。除了小分子配体外，两亲性的线形嵌段共聚物也已用来实现纳米晶体的界面组装[142, 172]。与通过小分子配体实现纳米晶体导向组装相比，纳米晶体在聚合物基体内的组装整合了纳米晶体和聚合物的特性，这为调节纳米晶体的力学、光学、电学和磁学等性能提供了可能性[142]。

　　与线形嵌段共聚物不同的是，两亲性超支化聚合物作为一类很重要的支化聚合物，它具有大量的内部空腔和端基官能团。与两亲性嵌段共聚物所形成的物理聚集体相比，核壳结构的超支化聚合物能够形成稳定的单分子胶束结构，适宜封装纳米晶体[49]。通过对它们的亲水/疏水特性进行合适的设计，这种两亲性的核壳结构聚合物能够诱使封装的纳米晶体在水油两相界面组装。然而，无机纳米晶体和两亲性超支化聚合物的共组装尚未有报道。在本章，我们提出了一种把纳米晶体在两亲性超支化聚合物中的封装与纳米晶体的控制组装相结合的液液界面组装方法。本章所用的单分子胶束超支化聚合物具有pH响应特性，可以通过调节pH来调节聚合物基体的两亲性。

6.2　实验部分

6.2.1　实验试剂、仪器及设备

实验用化学试剂如表 6-1 所示。

表 6-1　实验用化学试剂
Table 6-1　Chemical reagents used in the experiments

中文名	生产厂家	纯度	提纯步骤
甲醇	国药集团化学试剂公司	AR	直接使用
异丙醇	国药集团化学试剂公司	AR	直接使用
氯仿	国药集团化学试剂公司	AR	直接使用
超纯水	—	Milli-Q	直接使用
丙烯酸甲酯	Aldrich	99%	直接使用
乙二胺	国药集团化学试剂公司	99%	直接使用
十六烷基酰氯	TCI	98%	直接使用
氯化镉（$CdCl_2 \cdot 2.5H_2O$）	国药集团化学试剂公司	99%	配制成一定浓度水溶液使用
硼氢化钠	国药集团化学试剂公司	96%	直接使用
碲粉	国药集团化学试剂公司	99.999%	配制成一定浓度水溶液使用
3-巯基丙酸	Fluka	>99%	直接使用
氢氧化钠	国药集团化学试剂公司	AR	配制成一定浓度水溶液使用
盐酸	国药集团化学试剂公司	AR	配制成一定浓度水溶液使用

实验仪器及设备如表 6-2 所示。

表6-2　实验仪器及设备

Table 6-2　Apparatus used in the experiments

仪器	型号	生产厂家
磁力搅拌器	85-2型恒温磁力搅拌器	上海司乐仪器有限公司
旋转蒸发仪	RE-5299	巩义市予华仪器有限责任公司
循环水式真空泵	SHZ-D（Ⅲ）型	巩义市予华仪器有限责任公司
旋片式真空泵	2XZ型	上海康嘉真空泵有限公司
真空干燥箱	DZF-6020型	上海精宏实验设备有限公司
电子天平	Mettler Toledo EL104型	梅勒特-托利多仪器（上海）有限公司
电热鼓风干燥箱	101C-3B型	上海市实验仪器总厂
电子节能控温仪	ZnHW-Ⅱ型	巩义市予华仪器有限责任公司
pH计	Mettler Delta 320-S型	梅勒特-托利多仪器（上海）有限公司

6.2.2　十六烷基酰氯封端的两亲性超支化聚酰胺－胺的合成

见 3.2.2 部分。

6.2.3　CdTe 纳米晶体的制备

碲化氢钠（NaHTe）的合成按照参考文献［115，187］进行。具体为：先将 80 mg 碲粉、50 mg 硼氢化钠和 2 mL 超纯水放在一个小烧瓶中，然后立即将反应的小烧瓶用橡皮塞密封，同时在橡皮塞上插入一个长针头，以释放反应产生的氢气。经过数小时的反应后，黑色的碲粉逐渐消失，烧瓶底部出现白色的硼酸钠沉淀。然后再小心地将烧瓶中的上层清液转移至装有 100 mL 已经除过氧气的超纯水中的烧瓶中备用。

以 3-巯基丙酸（MPA）作为稳定剂，通过 $CdCl_2$ 和 NaHTe 溶液反应即可制得水溶性的 CdTe 纳米晶体[115, 187]。具体为：将 $CdCl_2$ 水溶液和 MPA 溶液混合，然后用 1 mol/L NaOH 把溶液 pH 调到 8，即制得镉前体溶液。实验设定 Cd:Te:MPA 三者摩尔比为 2:1:4.8。通氮气 30 min，在剧烈搅拌下将无氧 NaHTe 水溶液注射入镉前体溶液中。然后将该混合物加热到 99 ～ 100 ℃ 并回流数小时。为了得到窄分布的 CdTe 纳米晶体，我们采用异丙醇对所得产物进行尺寸选择沉淀。

6.2.4　HPAMAM-PC 对 CdTe 纳米晶体的封装

6.2.4.1　CdTe 纳米晶体标准曲线的测定

用超纯水配制一系列不同浓度的 CdTe 水溶液，测定其 UV-Vis 光谱，用它的吸收峰处的吸光度对浓度作图，所得的直线为 CdTe 的标准曲线。直线方程即为标准曲线方程，直线斜率为吸光系数。

6.2.4.2　HPAMAM–PC 对 CdTe 纳米晶体的封装

MPA 包覆的 CdTe 纳米晶体是水溶性的，而 HPAMAM-PC 只溶于有机溶剂，如氯仿、四氢呋喃等。我们选用氯仿作为非极性相，将 HPAMAM-PC 溶于氯仿中，将 CdTe 纳米晶体溶于水中。然后将 CdTe 纳米晶体水溶液和 HPAMAM-PC 氯仿溶液混合，磁力搅拌后可以很容易地通过颜色变化判断 CdTe 纳米晶体从水相转移到了氯仿相，即实现了 HPAMAM-PC 对 CdTe 纳米晶体的封装。

（1）pH 对 CdTe 最大封装量的影响

配制 2 个批次的不同浓度的 CdTe 纳米晶体水溶液（0 ～ 0.2 mg/mL），一批样品用 1 M 的 NaOH 将 CdTe 水溶液的 pH 调到 10，另一批样品用 1 M 的 HCl 将 CdTe 水溶液的 pH 调到 6.5。将 1.5 mg/mL 的 HPAMAM-PC 氯仿溶液分别与 CdTe 纳米晶体水溶液等体积（各 5 mL）混合；磁力搅拌 24 小时，静置，待水相和氯仿相完全分层后，移出部分氯仿溶液，测定其 UV-Vis 光谱。

（2）HPAMAM-PC 浓度对 CdTe 最大封装量的影响

配制一系列不同浓度的 CdTe 水溶液（0 ～ 0.2 mg/mL），用 1 M 的 HCl 将 CdTe 纳米晶体水溶液的 pH 调到 6.5，然后将 0.75 mg/mL HPAMAM-PC 氯仿溶液与之混合（各 10 mL），磁力搅拌 24 小时，静置，待水相和氯仿相完全分层后，移出部分氯仿溶液，测定其 UV-Vis 光谱。与 6.2.4.2（1）中 CdTe 纳米晶体水溶液的 pH 为 6.5，氯仿相、水相体积均为 5 mL 时得到的最大封装量进行对比。

6.2.5 CdTe 纳米晶体在水／氯仿界面的组装

通过调控 CdTe/HPAMAM-PC 纳米复合物的亲水／疏水平衡，可将 CdTe 纳米晶体组装在水／氯仿界面。将和氯仿相等体积（各 5 mL）的超纯水用 1 mol/L HCl 将 pH 调至 4，然后与 CdTe/HPAMAM-PC 氯仿溶液混合。搅拌 24 小时后，水／氯仿界面出现了一层组装膜。同样地，CdTe/HPAMAM-PC 纳米复合物的亲水性可通过加入 α-CDs（2.5 mg/mL）水溶液的方法调节，在搅拌后也可看到水／氯仿界面出现了一层组装膜。在对层状组装膜的表征之前，我们将氯仿相用氯仿溶剂进行多次替换，以消除氯仿相未组装在界面的成分对表征的影响。

6.2.6 表征

① 聚合物分子量及分子量分布是通过 Perkin Elmer Series 200 凝胶渗透色谱仪测得，采用 PS 做标样，$CHCl_3$ 为流动相，流速为 1.0 mL/min。

② pH 是由 320-S 型 pH 计（Mettler Toledo Co.）测定，测量精度为 ±0.02。

③ 光学照片由 Sony DSC-S70 型数码相机拍摄。

④ 荧光显微镜照片是采用 Olympus BX 61（Olympus Optical Co.）荧光显微镜拍摄的。

⑤ 紫外－可见光谱（UV-Vis）和荧光光谱（PL）分别通过 Perkin Elmer Lambda 20/2.0 UV-Vis 光谱仪和 Perkin Elmer LS 50B 荧光光谱仪测得。

⑥ 动态光散射（DLS）测试是在 Zetasizer Nano S 上测定的。所用激光波长为 632 nm，散射角为 173°，测试温度为 25 ℃，溶剂为氯仿。测试前，溶液用 0.22 μm 的过滤头进行过滤。

⑦ 透射电镜（TEM）和 X 射线能谱（EDS）表征是在 JEOL-2010 型透射电镜上进行的，加速电压为 200 kV；选区电子衍射（SAED）和高分辨电镜（HRTEM）在 JEOL-2100F 型透射电镜上进行，加速电压为 200 kV。样品制

备具体为：对于样品HPAMAM-PC，采用将其数滴氯仿溶液滴在铜网上，对于在水/氯仿界面组装的CdTe/HPAMAM-PC组装膜，采用铜网自下而上捞起的方式，将组装膜平铺于铜网上。

⑧ 傅里叶变换红外光谱（FT-IR）在Bruker Equinox-55 FT-IR傅里叶变换红外光谱仪上测定。

⑨ 热失重分析（TGA）是在TGAQ 5000热分析仪上测得的，所有样品均在氮气保护下测试，先于100 ℃除水10 min，然后以20 ℃/min的升温速率进行测定。

⑩ 示差扫描量热分析（DSC）是在Perkin Elmer Pyris-1 DSC热分析仪上测定的，所有样品均在氮气保护下测试。

6.3 结果与讨论

6.3.1 CdTe纳米晶体在水/氯仿界面的组装过程

CdTe纳米晶体在水/氯仿界面组装的策略为：水相CdTe纳米晶体首先被转移到HPAMAM-PC的氯仿溶液中，然后通过降低水相的pH或在水相中引入α-CDs的方法实现CdTe在水/氯仿界面的组装。图6-1描述了这种纳米晶体/聚合物液液界面组装的过程。

用棕榈酰氯对超支化聚酰胺-胺进行封端，使一部分胺基被改性，得到的产物HPAMAM-PC具有亲油性的长链烷基外壳，内部剩余的部分胺基仍然保持高度的亲水性。HPAMAM-PC只溶于有机溶剂，如氯仿、四氢呋喃等，而MPA包覆的CdTe纳米晶体是水溶性的。在磁力搅拌下，CdTe纳米晶体能够从水溶液中转移到含有HPAMAM-PC的氯仿溶液中。这种两亲性核壳型结构使超支化聚合物通过超分子作用将水溶性CdTe纳米晶体从水相捕获到氯仿相，实现了对CdTe纳米晶体的封装，这种封装实际上也是对CdTe纳米晶体表面进行修饰，从而实现水溶性纳米晶体能够稳定地存在于有机相。这里，HPAMAM-PC的支化结构和两亲性在相转移过程中起着至关重要的作用。这种具有疏水臂、亲水核和大量空腔的胶束状超支化聚合物作为一种分子胶囊已经用来封装水溶性的染料[48-50, 188]。封装的驱动力可以归因为静电和氢键相

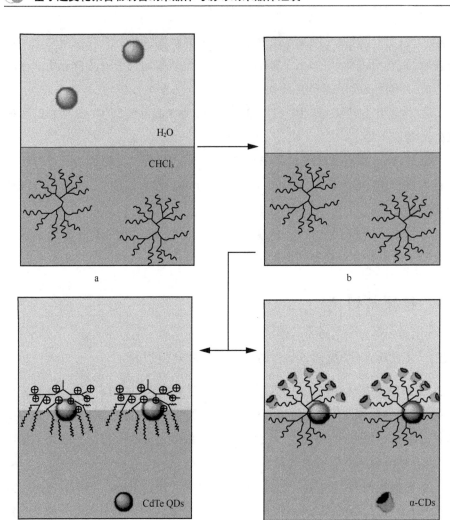

图 6-1　CdTe 纳米晶体在水 / 氯仿界面组装示意

Figure 6-1　Schematic illustration of the self-assembly of aqueous CdTe nanocrystals
（NCs）at the water/oil interface

注：包括 CdTe 纳米晶体被封装在 HPAMAM-PC 内（a、b）和通过降低水相的 pH（c）或在
水相中引入 α-CDs（d）调控 CdTe/HPAMAM-PC 纳米复合物的亲水 / 疏水平衡等两个部分
CdTe NCs encapsulation of HPAMAM-PC（a and b）and regulating the hydrophile-
lipophile balance in the CdTe/HPAMAM-PC nanocomposites by adjusting pH value of
aqueous phase（c）or introducing α-CDs to the aqueous phase（d）

互作用。此外，CdTe 纳米晶体和 HPAMAM-PC 的胺基络合相互作用在纳米晶体的封装过程中也起着很大的作用。通过 HPAMAM-PC 的封装，这种水溶性的 CdTe 纳米晶体可以成功地转移到有机相，并稳定存在。

当把澄清的 CdTe/HPAMAM-PC 氯仿溶液与超纯水混合时，我们没有观察到水/氯仿界面的组装。考虑到十六烷基酰氯封端后仍有约 50% 的伯胺和仲胺保留，HPAMAM-PC 仍然能够质子化，加入 HCl 水溶液可增加超支化核的极性。通过对水溶液 pH 的合适调节，核的亲水性和臂的疏水性可能达到平衡。因此，通过滴加 1 mol/L HCl，水溶液的 pH 逐渐调节到 4。在剧烈搅拌后，水油两相出现了白色乳状液。数小时后乳状液消散，水油两相界面出现了一层白色的薄膜层。荧光显微镜照片（附录 6-1）中绿色荧光的出现可推断白色薄膜层中 CdTe 纳米晶体的存在。我们认为，当水溶液的 pH 达到 4 时，CdTe/HPAMAM-PC 发生了质子化，HPAMAM-PC 的亲水/疏水部分达到了一定程度的平衡，亲水部分伸向水相，疏水部分则朝向氯仿相，从而组装在水/氯仿界面。

为了进一步深入研究该组装的 pH 决定性，不同 pH 的水溶液与 CdTe/HPAMAM-PC 氯仿稀溶液混合后搅拌。研究发现：高 pH 下，CdTe 纳米晶体仍然停留在油相，当逐渐降低 pH 至 4 时，CdTe/HPAMAM-PC 部分转移到了水油界面；当进一步降低 pH 至 3 时，越来越多的复合物组装到了界面，光学照片见附录 6-2。

6.3.2 CdTe 纳米晶体在水/氯仿界面组装体的表征

6.3.2.1 CdTe 纳米晶体在水/氯仿界面组装过程的光学照片

图 6-2 为 CdTe 纳米晶体在水/氯仿界面组装各个阶段的光学照片。对于图 6-2a 至图 6-2d 来说，通过颜色的变化我们可以直观地判断 CdTe 纳米晶体从水相转移到了氯仿相。对于图 6-2e 和图 6-2f 来说，我们分别调节了水相的 pH 和在水相引入了 α-CDs，伴随而来的是白色界面层的产生，这意味着 CdTe/HPAMAM-PC 纳米复合物很可能组装到了界面。

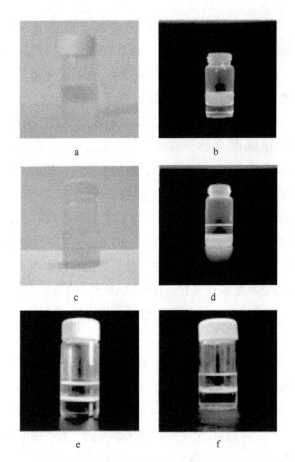

图 6-2　CdTe 纳米晶体从水相（上层）转移到氯仿相（下层）的光学照片

Figure 6-2　Phase transfer of CdTe NCs from water（upper layer）into chloroform（lower layer）illustrated by photographs made under daylight and under an UV lamp

注：a、c 为日光下的照片，b、d 为紫外灯下的照片；a、b 中水相的 CdTe 纳米晶体发射绿色的荧光；c、d 为加入 HPAMAM-PC 后，CdTe 纳米晶体从水相转移到氯仿相的照片；c、d 分别为通过降低水相的 pH 和在水相中引入 α-CDs 使 CdTe 纳米晶体和 HPAMAM-PC 一起组装在水 / 氯仿界面的照片

Picture a and b: CdTe NCs in water emitting green light，Picture c and d: after addition of HPAMAM-PC，CdTe NCs transfer to the chloroform phase，Picture e and f: CdTe NCs assemble at the water/chloroform interface accompanying with HPAMAM-PC induced by adjusting pH value of aqueous phase or adding α-CDs to the aqueous phase，respectively

6.3.2.2　HPAMAM-PC 对 CdTe 纳米晶体的封装

HPAMAM-PC具有两亲性的核壳型拓扑结构，可以稳定封装的CdTe纳米晶体。对于它的封装能力我们进一步做了研究，希望借此得到CdTe纳米晶体在氯仿相的饱和浓度，即每克HPAMAM-PC对CdTe纳米晶体的最大封装量。因此，我们制备了不同浓度的CdTe水溶液，分别与HPAMAM-PC的氯仿溶液混合搅拌24小时。静置，当完全相分离后，取下层澄清氯仿溶液。由于CdTe纳米晶体在UV-Vis光谱中吸收峰处的吸光度在线性范围内，符合朗伯－比尔定律，不需要稀释，可以直接测定其UV-Vis光谱。通过UV-Vis测试，可以得到CdTe吸收峰513 nm处的吸光度。而HPAMAM-PC的氯仿溶液在513 nm处吸光度很小，可以忽略不计，其UV-Vis光谱见附录6-3。因此，我们假定CdTe纳米晶体在水中和两亲性聚合物HPAMAM-PC氯仿溶液中的吸光系数相同，然后根据CdTe水溶液的浓度与吸光度（A—C）标准曲线（附录6-4）可得出CdTe纳米晶体在氯仿溶液中的浓度，进一步换算可得到HPAMAM-PC对CdTe纳米晶体的最大封装量。

我们研究了水相pH和HPAMAM-PC浓度对封装效率的影响，如图6-3所示。当CdTe水溶液的pH是10时，CdTe的最大封装量为每毫克HPAMAM-PC 0.025 mg。而当CdTe水溶液的pH 是6.5时，CdTe的最大封装量为每毫克HPAMAM-PC 0.045 mg。这是由于在弱酸性条件下，氮原子的质子化导致HPAMAM-PC超支化核的极性增加，与CdTe相互作用增强，从而可以封装更多的CdTe纳米晶体[189]。当水油两相的体积均增加一倍，水溶液的pH保持在6.5不变时，CdTe纳米晶体的最大封装量达到每毫克HPAMAM-PC 0.081 mg。这意味着通过降低超支化聚合物的浓度以减少聚合物聚集体的形成，有利于得到更高的封装量[190]。

6.3.2.3　CdTe 纳米晶体组装过程中各个阶段产物的 UV-Vis 和 PL 表征

图6-4给出了CdTe水溶液、CdTe/HPAMAM-PC氯仿溶液和CdTe/HPAMAM-PC在水/氯仿界面组装膜的吸收和荧光光谱。当CdTe被转移至氯仿溶液后，吸收光谱发生了蓝移，荧光发射峰也由554 nm移至542 nm。我们把组装到水/氯仿界面CdTe/HPAMAM-PC纳米复合物转移到石英片上，

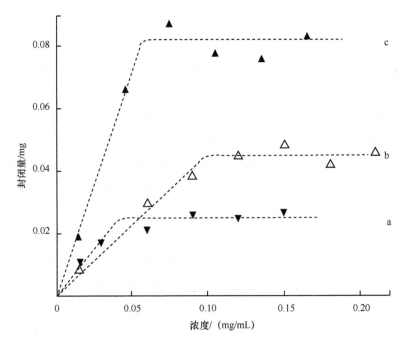

图 6-3　通过 UV-Vis 光谱测定每毫克 HPAMAM-PC 对 CdTe 纳米晶体的封装量

Figure 6-3　Determination of the average loads of CdTe NCs per milligram HPAMAM-

PC from the absorption in the UV-Vis spectra

注：我们研究了 CdTe 水溶液的 pH 和 HPAMAM-PC 的浓度对封装量的影响。a：pH=10，

$V_{water}=V_{oil}=5$ mL；b：pH=6.5，$V_{water}=V_{oil}=5$ mL；c：pH=6.5，$V_{water}=V_{oil}=10$ mL

pH value of aqueous CdTe NCs and the concentration of HPAMAM-PC are investigated:

（a）pH=10，$V_{water}=V_{oil}=5$ mL，（b）pH=6.5，$V_{water}=V_{oil}=5$ mL，（c）pH=6.5，

$V_{water}=V_{oil}=10$ mL

真空干燥后测定其光学性能。其吸收峰红移至 562 nm，荧光发射峰也增至

599 nm。这可能是由于 CdTe/HPAMAM-PC 纳米复合物转移到界面后发生了

一定程度的聚集。

6.3.2.4　CdTe 纳米晶体组装过程中各个阶段产物的 TEM 表征

我们对组装过程中不同阶段的 CdTe 纳米晶体的形貌都进行了 TEM 表征。

如图 5-5a 和图 5-5b 所示，水溶液中 CdTe 纳米晶体的尺寸约为 3 nm，当它转

移到氯仿相后尺寸略有增加。粒子尺寸的增加也可以进一步通过 DLS 证明，

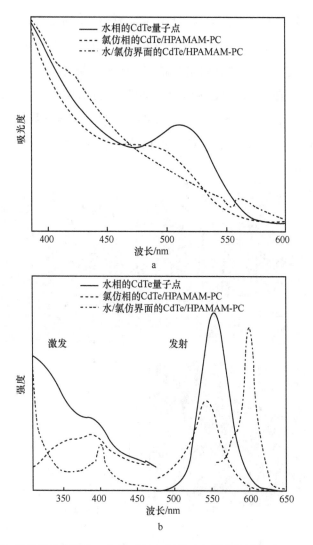

图 6-4　CdTe 纳米晶体水溶液、CdTe/HPAMAM-PC 氯仿溶液和 CdTe/HPAMAM-PC
在水 / 氯仿界面组装膜的吸收（a）和激发、发射光谱（b）

Figure 6-4　（a）UV-Vis spectra and（b）excitation and emission spectra of aqueous
CdTe NCs，CdTe/HPAMAM-PC in chloroform and CdTe/HPAMAM-PC self-assembly
film at the water/chloroform interface

注：激发光谱是根据相应的发射光谱发射峰（分别为 554 nm、542 nm 和 599 nm）进行测定的

The excitation spectra were recorded by monitoring the peak wavelengths of the

corresponding emission spectra（554 nm，542 nm，and 599 nm，respectively）

见附录 6-5。粒子尺寸的增加可能是由于 HPAMAM-PC 在 CdTe 纳米晶体的表面功能化修饰所致，聚合物的包覆对粒子流体力学尺寸的贡献很大。用碳支持膜捞起一小部分制备的界面组装膜，可制得电镜样品。图 6-5c 给出了水/氯仿界面 CdTe/HPAMAM-PC 纳米复合物的 HRTEM 图和 SAED 图。纳米粒子任意地分散在界面膜中，SAED 则为宽的衍射环，晶格参数与体相 CdTe 晶体的立方闪锌矿结构一致。相应的 EDS 也证明了组装膜中 CdTe 纳米晶体的存在，如图 6-5d 所示。

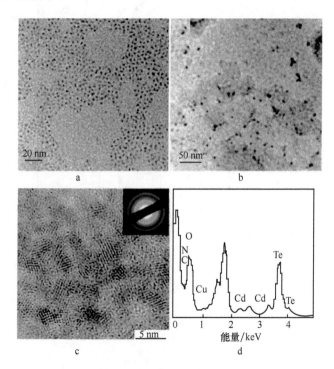

图 6-5　CdTe 纳米晶体水溶液和转移到氯仿相的 CdTe 纳米晶体的 TEM 图（a、b）及 pH 诱导的 CdTe 在水/氯仿界面组装膜的 HRTEM、SAED 图（c 内图）（c）和相应的 EDS 图（d）

Figure 6-5　TEM images: （a）aqueous CdTe NCs, （b）CdTe NCs transferred to chloroform phase, （c）HRTEM image and SAED patterns（inset）of CdTe NCs assembled at the water/chloroform interface induced by adjusting pH value of aqueous phase, （d）EDS spectra of the self-assembly film at the water/chloroform interface directed by adjusting pH value of aqueous phase

6.3.2.5　CdTe 纳米晶体组装过程中各个阶段产物的 FT-IR 表征

图 6-6 给出了 HPAMAM-PC 和 pH 诱导的 CdTe/HPAMAM-PC 在水/氯仿界面组装膜的 FT-IR 光谱。用石英片捞起一部分制备的界面组装膜，可制得红外待测样品。2920 cm^{-1}、2850 cm^{-1} 分别对应于—CH_2—的非对称和对称伸缩振动峰。HPAMAM-P 中的酰胺 Ⅰ、Ⅱ 和Ⅲ分别位于 1652 cm^{-1}、1556 cm^{-1} 和 1246 cm^{-1}。而 CdTe/HPAMAM-PC 组装膜中，酰胺 Ⅰ、Ⅱ 和Ⅲ分别移至 1640 cm^{-1}、1552 cm^{-1} 和 1260 cm^{-1}。红外位移的产生是由于 HPAMAM-PC 与 CdTe 纳米晶体络合相互作用和共组装到界面导致其构象发生变化造成的。

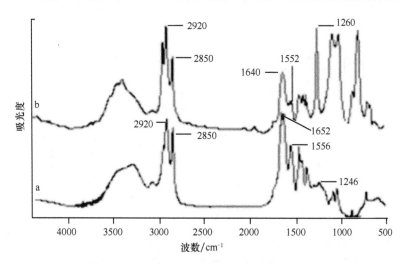

图 6-6　HPAMAM-PC（a）和 pH 诱导的 CdTe/HPAMAM-PC 在水/氯仿界面组装膜（b）的 FT-IR 光谱

Figure 6-6　FT-IR spectra of（a）HPAMAM-PC and（b）CdTe/HPAMAM-PC self-assembly film induced by adjusting pH value of aqueous phase

6.3.2.6　CdTe 纳米晶体组装过程中各个阶段产物的 DSC 和 TGA 表征

当 CdTe 纳米晶体被封装到两亲性超支化聚合物 HPAMAM-PC 中并组装到水油界面后，HPAMAM-PC 的热力学性质可能会有所变化。图 6-7 给出了纯 HPAMAM-PC 和 CdTe/HPAMAM-PC 界面组装膜的升温和降温 DSC 曲线。

由于长十六烷基链段的规则堆积，HPAMAM-PC中将会形成薄片结晶。相应地，升温时出现一个双熔融吸热曲线，降温时出现了一个明显的降温曲线。然而，对CdTe/HPAMAM-PC界面组装膜来说，在升温和降温曲线中没有峰形出现。我们认为，这是由于亲水性的聚酰胺－胺核和疏水性的十六烷基臂分别溶解在水相和氯仿相中，这种纯HPAMAM-PC所具有的周期性的片层结构不再可能出现。因此，熔融和结晶峰均不再出现。

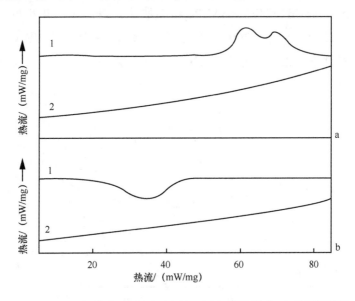

图6-7　HPAMAMPC（1）和CdTe/HPAMAM-PC组装膜（2）的升温阶段（a）和
降温阶段（b）DSC曲线（升温和降温速率均为10 ℃ /min）

Figure 6-7　（a）Heating stage and（b）cooling stage of the DSC curves of neat
HPAMAMPC（1），and CdTe/HPAMAM-PC self-assembly film（2）（the heating or
cooling rate was 10 ℃ /min）

图6-8给出了纯HPAMAM-PC中和CdTe/HPAMAM-PC界面组装膜的TGA曲线。TGA测试可知，CdTe/HPAMAM-PC界面组装膜比纯HPAMAM-PC有更高的热降解温度。在800 ℃时，纯HPAMAM-PC中和CdTe/HPAMAM-PC界面组装膜分别失重100%和90.4%（质量百分比）。差异产生的原因是后者有CdTe纳米晶体的存在。CdTe纳米晶体在CdTe/HPAMAM-PC界面组装膜中的含量约为9.6%。

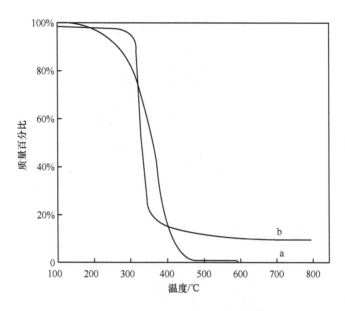

图 6-8　HPAMAMPC（a）和 CdTe/HPAMAM-PC 组装膜（b）的
TGA 质量损失（升温速率均为 20 ℃ /min）

Figure 6-8　TGA weight loss curves of（a）neat HPAMAMPC and（b）CdTe/
HPAMAM-PC self-assembly film（the heating rate was 20 ℃/min）

6.3.3　α-CD 诱导 CdTe/HPAMAM-PC 在液液界面的组装

与通过提高CdTe/HPAMAM-PC内聚酰胺-胺核的亲水性不同的是，CdTe/HPAMAM-PC的两亲性也可以通过降低臂的疏水性调节。我们注意到，环糊精可以通过非共价相互作用尺寸选择性地内含疏水性烷基链，因此我们引入α-CD水溶液与CdTe/HPAMAM-PC氯仿溶液混合。通过分子识别，HPAMAM-PC的长十六烷基链很容易俘获在α-CD的疏水空腔内。得益于α-CD表面的高亲水特性，通过主客体内含复合，一些疏水性的烷基链可以转化为亲水段。这样，CdTe/HPAMAM-PC纳米复合物的亲水性可以得到极大的提高。图 6-2f给出了加入α-CD后的照片。我们同样可以看到一层白色薄层存在于水油界面。相应的 TEM 和 EDS 表征如图 6-9 所示。

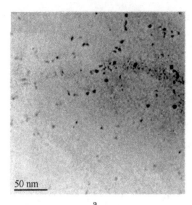

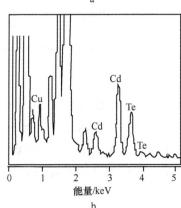

图 6–9　α-CDs 诱导的 CdTe/HPAMAM-PC 界面组装膜的 TEM 照片（a）和 EDS 图（b）

Figure 6-9　（a）TEM image and（b）the corresponding EDS spectrum of CdTe/HPAMAM-PC nanocomposites assembled at the water/chloroform interface induced by adding α-CDs to the aqueous phase

6.3.4　Au 纳米晶体在水/氯仿界面的组装

通过上述讨论，我们可以得出以下结论：通过调节两亲性超支化聚合物的亲水亲油特性诱使CdTe纳米晶体在水油两相界面的组装是可行的。我们认为，这种纳米晶体在水油两相界面的组装方法可以扩展到其他纳米晶体，如Au、Ag等纳米晶体。

为了更深入地探讨纳米晶体的组装机制，我们也对 10～40 nm Au纳米晶体在pH诱导下的组装进行了研究。组装过程同CdTe在界面的组装。如图 6-10

所示，在HPAMAM-PC的存在下，水溶性的Au纳米晶体从水相转移到了氯仿相。由于Au纳米晶体尺寸比HPAMAM-PC的流体学尺寸还大，要想把Au纳米晶体转移至水相，势必要有多个HPAMAM-PC去稳定一个Au纳米颗粒，这样，Au/HPAMAM-PC在界面的组装更为困难，规整的组装更难得到。尽管如此，进一步调节水相pH，Au纳米晶体还是组装到了水/氯仿界面。

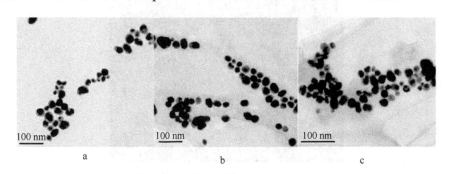

图6-10　Au纳米晶体水溶液（a）、转移到氯仿相的Au纳米晶体（b）和

pH诱导的Au在水/氯仿界面组装膜（c）的TEM照片

Figure 6-10　TEM images of（a）aqueous Au NCs，（b）Au NCs transferred to

chloroform phase and（c）Au NCs assembled at the water/chloroform interface induced

by adjusting pH value of aqueous phase

6.4　结　论

①　我们实现了两亲性超支化聚合物对水溶性CdTe纳米晶体的封装，CdTe纳米晶体的最大封装量达到每毫克HPAMAM-PC 0.081 mg。

②　我们通过降低水相的pH和在水相中引入α-CDs来调节CdTe/HPAMAM-PC纳米复合物的亲水亲油平衡，从而使CdTe纳米晶体和HPAMAM-PC一起组装在水/氯仿界面。对于界面组装体，我们用荧光显微镜照片、UV-Vis、PL、TEM、SAED、EDS、FT-IR、DSC和TGA等进行了表征。

③　我们将本方法扩展到Au等纳米晶体在水油界面的组装。

④　通过本方法制备了一种新型的纳米晶体/超支化聚合物组装膜，这种组装膜将能够应用于光电等领域。

附录 6–1　pH 诱导的 CdTe/HPAMAM-PC 界面组装膜的荧光显微镜照片

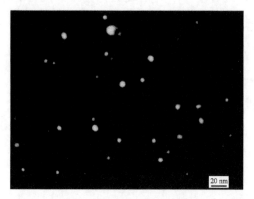

附图 6–1　CdTe/HPAMAM-PC 界面组装乳液在荧光显微镜下的照片

Figure S6-1　Fluorescence image of the emulsion droplet obtained via self-assembly of
CdTe NCs at the water/chloroform interface in the presence of HPAMAM-PC

注：激发波长为 390 nm，放大倍数为 200 倍

The excitation wavelength was 390 nm and the magnification of the microscope is 200 fold

附录 6–2　不同 pH 下 CdTe/HPAMAM-PC 在界面组装的光学照片

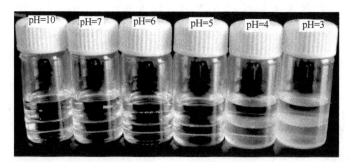

附图 6–2　CdTe/HPAMAM-PC 在不同 pH 下界面组装的光学照片

Figure S6-2 Photos of CdTe/HPAMAM-PC nanocomposites self-assembled at the
water/chloroform interface realized under different pH values of aqueous phase

附录 6-3　HPAMAM-PC 的 UV-Vis 吸收光谱

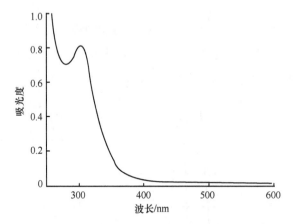

附图 6-3　HPAMAM-PC 的 UV-Vis 吸收光谱

Figure S6-3　UV-Vis spectrum of HPAMAM-PC

附录 6-4　CdTe 纳米晶体的标准曲线

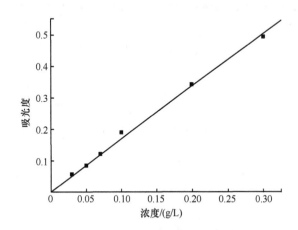

附图 6-4　CdTe 纳米晶体的标准曲线

Figure S6-4　Standard lines for CdTe NCs

标准曲线方程为 $A=1.8853\ C$，相关系数 $R=0.998\ 51$。其中，A 为 CdTe 纳米晶体水溶液的吸光度，C 为 CdTe 纳米晶体的浓度。

附录 6–5　CdTe 纳米晶体在相转移前后的 DLS 表征

从附图 6-5 可知，CdTe 纳米晶体在水溶液的流体力学尺寸为 3.7 nm，当转移至氯仿相后，其尺寸为 7.6 nm。这是由于在氯仿相，CdTe 纳米晶体被封装在 HPAMAM-PC 内，DLS 测定的是 CdTe/HPAMAM-PC 的流体力学尺寸。

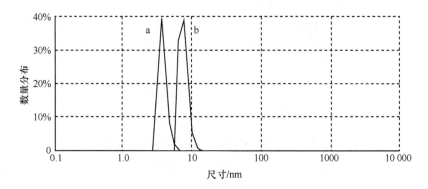

附图 6–5　CdTe 水溶液（a）和 HPAMAM-PC 封装 CdTe 后的氯仿溶液（b）的尺寸分布

Figure S6-5　Size distribution of（a）aqueous CdTe NCs and（b）HPAMAM-PC-encapsulated CdTe NCs in chloroform，measured by DLS

第七章　总结与展望

本书结合高分子科学与纳米科学的发展方向，围绕超支化聚合物纳米在纳米材料领域的应用展开研究，主要内容包含两个方面：一方面，通过化学改性或非共价相互作用构筑不同类型的功能性超支化聚合物，并以此为模板制备无机纳米晶体；另一方面，超支化聚合物诱导无机纳米晶体的组装。

7.1　总　结

① 以端基为酯基的超支化聚酰胺-胺（HP-EDAMA3）作为纳米反应器制备无机纳米晶体。聚合物内部的胺基用于络合金属离子和稳定生成的纳米晶体，而外部的酯基基团则起到防止聚合物聚集的作用。这样的纳米反应器能够更好地控制纳米晶体的尺寸。利用该聚合物，我们制备了粒径小且尺寸分布均一的CdS量子点，研究了Cd^{2+}/S^{2-}摩尔比、反应温度、反应pH、陈化时间等对CdS量子点荧光性能的影响，并用UV-Vis、PL、TEM、FT-IR等对所制备的CdS/HPAMAM纳米复合物进行了表征。实验也发现HP-EDAMA3能够还原$AuCl_4^-$生成和稳定Au纳米晶体，利用该模板，我们也制备了Au纳米晶体。

② 采用酰氯和胺基的反应，对超支化聚酰胺-胺（HPAMAM）进行改性，制备了具有亲水超支化聚合物核和疏水烷基臂的两亲性超支化聚合物HPAMAM-PC。它在氯仿溶剂中能够形成单分子胶束。我们将Cd（CH$_3$COO）$_2$的水溶液与HPAMAM-PC的氯仿溶液混合，经过磁力搅拌能够将Cd^{2+}从水相转移至HPAMAM-PC单分子胶束内。随后引入S^{2-}的水溶液，利用Cd^{2+}和S^{2-}

之间的反应将水相中的 S^{2-} 引入到氯仿相并以 CdS 的形式存在。这是一种两相体系制备 CdS 量子点的方法，通过该方法制备的量子点尺寸小而均一。我们也利用该方法制备了小于 2 nm 的 Au、Ag 等金属纳米晶体。

③ 采用由棕榈酸（PA）和端基为胺基的超支化聚乙烯亚胺（HPEI）通过静电相互作用和离子对构筑了超分子组装胶束。这种超分子纳米胶束可以通过调节 pH 或稀释溶液的方法予以破坏。以此超分子组装胶束作为纳米反应器，我们制备了 CdS 量子点。在水油两相体系中，水相的 Cd^{2+} 先自发转移至位于氯仿相的自组装纳米反应器中，与水相的 S^{2-} 反应后，即可生成浅黄色的 CdS-HPEI/PA 氯仿溶液。通过加入三乙胺，可以破坏这种超分子组装胶束即消除 PA 和 HPEI 之间的相互作用，PA 不再包覆在 CdS 量子点的表面，CdS-HPEI 也因此从氯仿相转移到了水相。经过透析和旋转蒸发干燥后，由于 PA 和 HPEI 之间的相互作用，CdS 量子点再次溶于含有 PA 的氯仿溶液中，从而实现 CdS 量子点在水油两相之间的相互转移。

④ 利用二价铁盐和不同分子量的 HPEI 原位制备了磁性非病毒基因载体。超支化聚合物 HPEI 是最理想的非病毒基因载体之一，也是制备纳米晶体的良好模板。在本书中它不仅用作纳米反应器和稳定剂来合成磁性纳米晶体，而且被巧妙地用来代替碱金属氢氧化物和氨水为反应提供所需要的碱。通过调节 $HPEI/FeSO_4 \cdot 7H_2O$ 质量比和改变 HPEI 的分子量制备了不同磁含量和不同饱和磁化强度的磁性非病毒基因载体。MTT 评估表明，这种磁性非病毒基因载体的毒性比相对应的 HPEI 的毒性小。进一步考察了这种磁性非病毒基因载体的磁转染性能，对于 Mag-HPEI10k，荧光素酶在 COS-7 细胞内的表达量最高可达 HPEI10k 标准转染的 13 倍；对于 Mag-HPEI60k，荧光素酶在 COS-7 细胞内的表达量最高可达 HPEI60k 标准转染的 7 倍。

⑤ 通过两亲性超支化聚合物 HPAMAM-PC 封装了 CdTe 纳米晶体并诱导 CdTe 纳米晶体在水和氯仿两相界面进行组装。CdTe 纳米晶体首先被转移至 HPAMAM-PC 的氯仿溶液中，通过降低水相的 pH 或在水相引入 α-CDs，CdTe 纳米晶体便组装在水/氯仿界面。我们对得到的 CdTe/HPAMAM-PC 自组装膜进行了荧光显微镜、UV-Vis、PL、TEM、EDS、FT-IR、DSC 和 TGA 等表征。我们也通过 HPAMAM-PC 诱导实现了 Au 纳米晶体在水/氯仿两相界面的组装。

7.2　展　望

超支化聚合物具有合成成本低、制备过程简单、易于改性、可规模化生产等优势，利用其开发出适用于不同领域的功能性材料，具有重大的理论意义和实用价值。本书对超支化聚合物在纳米晶体制备和组装领域的应用进行了一些拓展，但是目前的研究还不是很完善，所制备纳米杂化材料的光学和磁学等性能还有待进一步提高，离纳米材料真正的应用还有很长的路要走。以下几个方面是今后应该努力的方向。

① 超支化聚酰胺-胺制备的CdS等量子点的荧光性能还有待于提高，应提出解决超支化聚合物对量子点荧光淬灭的有效办法。此外，还需进一步扩展量子点的种类，制备在近红外区具有高荧光性能的量子点，以有效规避聚合物的光学吸收对量子点荧光性能的影响。

② 超支化聚乙烯亚胺能够很好地用来制备磁性非病毒基因载体，但是这种磁性非病毒基因载体的毒性还有待于进一步降低，其转染效率有待提高。此外，所制备的磁性非病毒基因载体尚缺乏靶向特性，无法靶向至特定的肿瘤细胞以用于基因治疗。在进一步的研究中，我们将开发具有叶酸靶向和磁靶向双重靶向特性的磁性非病毒基因转染载体。HPAMAM具有较低的毒性和较高的转染效率，但是局限于其较低的分子量，目前尚未有利用其合成磁纳米晶体并用于磁转染的报道。可通过提高HPAMAM的分子量并使之能够成功应用于制备磁纳米晶体并用于磁转染研究。

③ 两亲性超支化聚合物能够诱导CdTe纳米晶体在水/氯仿两相界面组装，但是组装的规整性还有待于提高。CdTe纳米晶体/超支化聚合物在溶液和界面中的组装还有待于进一步开发，以更快地实现这种纳米杂化材料在光电等领域的应用。

参考文献

[1] BUHLEIER E，WEHNER W，VOGTLE F. Cascade-chain-like and nonskid-chain-like syntheses of molecular cavity topologies[J]. Synthesis，1978，2: 155-158.

[2] TOMALIA D A，BAKER H，DEWALD J，et al. A new class of polymers: starburst-dendritic macromolecules[J]. Polym J，1985，17: 117-132.

[3] TOMALIA D A，BAKER H，DEWALD J，et al. Dendritic macromolecules: synthesis of starburst dendrimers[J]. Macromolecules，1986，19（9）: 2466-2468.

[4] TOMALIA D A，NAYLOR A M，GODDARD III W A. Starburst dendrimers: molecular-level control of size，shape，surface chemistry，topology and flexibility from atoms to macroscopic matter[J]. Angew Chem Int Ed，1990，29: 138-175.

[5] BOSMAN A W，JANSSEN H M，MEIJER E W. About dendrimers: structure，physical properties and applications[J]. Chem Rev，1999，99（7）: 1665-1688.

[6] FISCHER M，VOGTLE F. Dendrimers: from design to application - a progress report[J]. Angew Chem Int Ed，1999，38（7）: 885-905.

[7] DYKES G M. Dendrimers: a review of their appeal and applications[J]. J Chem Technol Biotechnol，2001，76（9）: 903-918.

[8] KLAJNERT B，BRYSZEWSKA M. Dendrimers: properties and

applications[J]. Acta Biochim Pol，2001，48（1）: 199-208.

[9]　TOMALIA D A，FRÉCHET J M J. Discovery of dendrimers and dendritic polymers: a brief historical perspective[J]. J Polym Sci，Part A: Polym. Chem.，2002，40（16）: 2719-2728.

[10]　FRÉCHET J M J. Dendrimers and supramolecular chemistry[J]. Proc Natl Acad Sci U.S.A.，2002，99（8）: 4782-4787.

[11]　FRÉCHET J M J. Dendrimers and other dendritic macromolecules: from building blocks to functional assemblies in nanoscience and nanotechnology[J]. J Polym Sci，Part A: Polym Chem，2003，41: 3713-3725.

[12]　VOIT B I. New developments in hyperbranched polymers[J]. J Polym Sci，Part A: Polym Chem，2000，38: 2505-2525.

[13]　JIKEI M，KAKIMOTO M. Hyperbranched polymers: a promising new class of materials[J]. Prog Polym Sci，2001，26（8）: 1233-1285.

[14]　GAO C，YAN D. Hyperbranched polymers: from synthesis to applications[J]. Prog Polym Sci，2004，29（3）: 183-275.

[15]　FLORY P J. Molecular size distribution in three-dimensional polymers[J]. VI Branched polymer containing A-R-Bf-1-type units J Am Chem Soc，1952，74: 2718-2723.

[16]　HAWKER C J，LEE R，FRÉCHET J M J. One-step synthesis of hyperbranched dendritic polyesters[J]. J Am Chem Soc，1991，113（12）: 4583-4588.

[17]　UHRICH K E，HAWKER C J，FRÉCHET J M J，et al. One-pot synthesis of hyperbranched polyethers[J]. Macromolecules，1992，25（18）: 4583-4587.

[18]　KIM Y H，WEBSTER O W. Hyperbranched polyphenylenes[J]. Macromolecules，1992，25: 5561-5572.

[19]　KIM Y H. Hyperbranched polymers 10 years after[J]. J Polym Sci，Part A:

Polym Chem, 1998, 36 (11): 1685-1698.

[20] KIM Y H, WEBSTER O. Hyperbranched polymers (reprinted from star and hyperbranched polymers, 1999, 201-238) [J]. J Macromol Sci Polym Rev, 2002, 42: 55-89.

[21] TURNER S R, WALTER F, VOIT B I, et al. Hyperbranched aromatic polyesters with carboxylic acid terminal groups[J]. Macromolecules, 1994, 27 (6): 1611-1616.

[22] MALMSTROM E, HULT A. Hyperbranched polymers: a review[J]. J Macromol Sci Rev Macromol Chem Phys 1997, 37: 555-579.

[23] SHI W F, HUANG H. Progress in hyperbranched polymers[J]. Chem J Chin Univ Chin 1997, 18: 1398-1405.

[24] HULT A, JOHANSSON M, MALMSTROM E. Branched polymers II: hyperbranched polymers[J]. Adv Polym Sci, 1999, 143: 1-34.

[25] INOUE K. Functional dendrimers, hyperbranched and star polymers[J]. Prog Polym Sci, 2000, 25 (4): 453-571.

[26] JIKEI M, KAKIMOTO M A. Hyperbranched polymers: a promising new class of materials[J]. Prog Polym Sci, 2001, 26 (8): 1233-1285.

[27] VOIT B I. New developments in hyperbranched polymers[J]. J Polym Sci, Part A: Polym Chem, 2000, 38 (6): 2505-2525.

[28] VOIT B I. Hyperbranched polymers: a chance and a challenge[J]. C R Chim, 2003, 6: 821-832.

[29] VOIT B I. Hyperbranched polymers - all problems solved after 15 years of research?[J]. J Polym Sci, Part A: Polym Chem, 2005, 43 (13): 2679-2699.

[30] MORI H, MÜLLER A H E. Dendrimers V: functional and hyperbranched building blocks, photophysical properties, applications in materials and life sciences (Hyperbranched (methy) acrylates in solution, melt, and grafted from surfaces) [J]. Top Curr Chem, 2003, 228: 1-37.

[31] KIM Y H，WEBSTER O W. Water-soluble hyperbranched polyphenylene: "a unimolecular micelle"？[J]. J Am Chem Soc，1990，112（11）: 4592-4593.

[32] FRÉCHET J M J，HENMI M，GITSOV I，et al. Self-condensing vinyl polymerization: an approach to dendritic materials[J]. Science，1995，269（5227）: 1080-1083.

[33] SUZUKI M，LI A，SAEGUSA T. Multibranching polymerization: palladium-catalyzed ring-opening polymerization of cyclic carbamate to produce hyperbranched dendritic polyamine[J]. Macromolecules，1992，25（25）: 7071-7072.

[34] SUNDER A，KRAMER M，HANSELMANN R，et al. Molecular nanocapsules based on amphiphilic hyperbranched polyglycerols[J]. Angew Chem Int Ed，1999，38（23）: 3552-3555.

[35] CHANG H T，FRÉCHET J M J. Proton-transfer polymerization: a new approach to hyperbranched polymers[J]. J Am Chem Soc，1999，121（10）: 2313-2314.

[36] JIKEI M，CHON S H，KAKIMOTO M A，et al. Synthesis of hyperbranched aromatic polyamide from aromatic diamines and trimesic acid[J]. Macromolecules，1999，32（6）: 2061-2064.

[37] EMRICK T，CHANG H T，FRÉCHET J M J. An A（2）+B（3）approach to hyperbranched aliphatic polyethers containing chain end epoxy substituents[J]. Macromolecules，1999，32（6）: 6380-6382.

[38] VAN BENTHEM R A T M，MEIJERINK N，GELADE E，et al. Synthesis and characterization of bis（2-hydroxypropyl）amide-based hyperbranched polyesteramides[J]. Macromolecules，2001，34（11）: 3559-3566.

[39] 高超. 超支化聚合物的分子设计、合成、表征及功能化研究[D]. 上海: 上海交通大学，2001.

[40] 刘翠华. 超支化聚合物的合成及其超分子封装和超分子自组装研究[D].

上海: 上海交通大学, 2007.

[41] YAN D, MÜLLER A H E, MATYJASZEWSKI K. Molecular parameters of hyperbranched polymers made by self-condensing vinyl polymerization. 2. Degree of branching[J]. Macromolecules, 1997, 30 (23): 7024-7033.

[42] JIA Z, CHEN H, ZHU X, et al. Backbone-thermoresponsive hyperbranched polyethers[J]. J Am Chem Soc, 2006, 128: 8144-8145.

[43] MECKING S, THOMANN R, FREY H, et al. Preparation of catalytically active palladium nanoclusters in compartments of amphiphilic hyperbranched polyglycerols[J]. Macromolecules, 2000, 33 (11): 3958-3960.

[44] LAGT M Q, STIRIBA S E, GEBBINK R J M K, et al. Encapsulation of hydrophilic pincer-platinum (II) complexes in amphiphilic hyperbranched polyglycerol nanocapsules[J]. Macromolecules, 2002, 35 (15): 5734-5737.

[45] AYMONIER C, SCHLOTTERBECK U, ANTONIETTI L, et al. Hybrids of silver nanoparticles with amphiphilic hyperbranched macromolecules exhibiting antimicrobial properties[J]. Chem Commun, 2002, 21 (24): 3018-3019.

[46] PÉRIGNON N, MINGOTAUD A F, MARTY J D, et al. Formation and stabilization in water of metal nanoparticles by a hyperbranched polymer chemically analogous to PAMAM dendrimers[J]. Chem Mater, 2004, 16 (24): 4856-4858.

[47] ZHANG Y W, PENG H S, HUANG W, et al. Hyperbranched poly (amidoamine) as the stabilizer and reductant to prepare colloid silver nanoparticles in situ and their antibacterial activity[J]. J Phys Chem, C, 2008, 112 (7): 2330-2336.

[48] MYKHAYLYK O, ANTEQUERA Y S, VLASKOU D. Generation of magnetic nonviral gene transfer agents and magnetofection in vitro[J].

Nature protocol，2007，2（10）：2391-2411.

[49] KRAMER M，STUMBE J F，TURK H，et al. pH-responsive molecular nanocarriers based on dendritic core-shell architectures[J]. Angew Chem Int Ed，2002，41（22）：4252-4256.

[50] LIU C H，GAO C，YAN D Y. Synergistic supramolecular encapsulation of amphiphilic hyperbranched polymer to dyes[J]. Macromolecules，2006，39（23）：8102-8111.

[51] WHITESIDES G M，GRZYBOWSKI B. Self-assembly at all scales[J]. Science，2002，295（5564）：2418-2421.

[52] LEHN J M. Toward self-organization and complex matter[J]. Science，2002，295（5564）：2400-2403.

[53] PERCEC V，GLODDE M，BERA T K，et al. Self-organization of supramolecular helical dendrimers into complex electronicmaterials[J]. Nature，2002，419（6905）：384-387.

[54] ZHANG S G. Fabrication of novel biomaterials through molecular self-assembly[J]. Nat Biotechnol，2003，21（10）：1171-1178.

[55] TAYLOR P，XU C，FLETCHER P D I，et al. A novel technique for preparation of monodisperse giant liposomes[J]. Chem Commun，2003，21（14）：1732-1733.

[56] KLEITZ F，THOMSON S J，LIU Z，et al. Porous mesostructured zirconium oxophosphate with cubic（Ia3d）symmetry[J]. Chem Mater，2002，14: 4134-4144.

[57] CARUSO F，CARUSO R A，MÖHWALD H. Nanoengineering of inorganic and hybrid hollow spheres by colloidal templating[J]. Science，1998，282（5391）：1111-1114.

[58] BUCKNALL D G，ANDERSON H L. Polymers get organized[J]. Science，2003，302（5652）：1904-1905.

[59] YAN D Y，ZHOU Y F，HOU J. Supramolecular self-assembly of

macroscopic tubes[J]. Science，2004，303（5654）: 65-67.

[60] ZHOU Y F，YAN D Y. Supramolecular self-assembly of giant polymer vesicles with controlled sizes[J]. Angew Chem Int Ed，2004，43（37）: 4896-4899.

[61] ZOU J H，YE X D，SHI W F. Crosslinkable vesicles self-assembled by amphiphilic hyperbranched polyester[J]. Macromol Rapid Commun，2005，26: 1741-1745.

[62] MAI Y Y，ZHOU Y F，YAN D Y. Synthesis and size-controllable self-assembly of a novel amphiphilic hyperbranched multiarm copolyether[J]. Macromolecules，2005，38（21）: 8679-8686.

[63] ORNATSKA M，PELESHANKO S，GENSON K L，et al. Assembling of amphiphilic highly branched molecules in supramolecular nanofibers[J]. J Am Chem Soc，2004，126（31）: 9675-9684.

[64] ORNATSKA M，PELESHANKO S，RYBAK B，et al. Supramolecular multiscale fibers through one-dimensional assembly of dendritic molecules[J]. Adv Mater，2004，16: 2206-2212.

[65] STUPP S L，BONHEUR V，WALKER K，et al. Supramolecular materials: self-organized nanostructures[J]. Science，1997，276（5311）: 384-389.

[66] ONOSHIMA D，IMAE T. Dendritic nano- and microhydrogels fabricated by triethoxysilyl focal dendrons[J]. Soft matter，2006，2（2）: 141-148.

[67] JESBERGER M，BARNER L，STENZEL M H，et al. Hyperbranched polymers as scaffolds for multifunctional reversible addition-fragmentation chain-transfer agents: a route to polystyrene-core-polyesters and polystyrene-block-poly（butyl acrylate）-core-polyesters[J]. J Polym Sci，Part A: Polym Chem，2003，41（23）: 3847-3861.

[68] LIU C H，GAO C，YAN D Y. Honeycomb-patterned photoluminescent films fabricated by self-assembly of hyperbranched polymer[J]. Angew

Chem Int Ed，2007，46（22）：4128-4131.

[69] FREY H，HAAG R. Dendritic polyglycerol: a new versatile biocompatible material[J]. Rev Mol Biotechnol，2002，90（3-4）：257-267.

[70] LIU H B，UHRICH K E. Hyperbranched polymeric micelles: drug encapsulation，release and polymer degradation[J]. Polym Prepr，1997，38: 582-583.

[71] LIM Y B，KIM S M，LEE Y，et al. Cationic hyperbranched poly（amino ester）: a novel class of DNA condensing molecule with cationic surface，biodegradable three-dimensional structure，and tertiary amine groups in the interior[J]. J Am Chem Soc，2001，123（10）：2460-2461.

[72] MINTZER M A，SIMANEK E E. Nonviral vectors for gene delivery[J]. Chem Rev，2009，109（2）：259-302.

[73] 张立德. 跨世纪的新领域: 纳米材料科学[J]. 科学，1993，45（1）：13-17.

[74] 张立德， 牟季美. 开拓原子和物质的中间领域: 纳米微粒与纳米固体[J]. 物理，1992，21（3）：167-173.

[75] BAWENDI M G，STEIGERWALD M L，BRUS L E. The quantum mechanics of larger semiconductor clusters[J]. Annu Rev Phys Chem，1990，41: 477-496.

[76] 克莱邦德. 纳米材料化学[M]. 陈建峰，邵磊，刘晓林，等译. 北京: 化学化工出版社，2004.

[77] 钱惠锋. 水溶性荧光量子点的合成及修饰[D]. 上海: 上海交通大学，2007.

[78] CUSHING B L，KOLESNICHENKO V L，O'CONNOR C J. Recent advances in the liquid-phase syntheses of inorganic nanoparticles[J]. Chem Rev，2004，104（9）：3893-3946.

[79] BURDA C，CHEN X，NARAYANAN R，et al. Chemistry and properties of nanocrystals of different shapes[J]. Chem Rev，2005，105（4）：1025-1102.

[80] MURRAY C B, NORRIS D J, BAWENDI M G. Synthesis and characterization of nearly monodisperse CdE (E = sulfur, selenium, tellurium) semiconductor nanocrystallites[J]. J Am Chem Soc, 1993, 115 (19): 8706-8715.

[81] QU L, PENG X. Control of photoluminescence properties of CdSe nanocrystals in growth[J]. J Am Chem Soc, 2002, 124 (9): 2049-2055.

[82] SPANHEL L, HAASE M, WELLER H, et al. Photochemistry of colloidal semiconductors. 20. surface modification and stability of strong luminescing CdS particles[J]. J Am Chem Soc, 1987, 109 (19): 5649-5655.

[83] GAPONIK N, TALAPIN D V, ROGACH A L, et al. Thiol-capping of CdTe nanocrystals: an alternative to organometallic synthetic routes[J]. J Phys Chem B, 2002, 106 (29): 7177-7185.

[84] ZHANG H, WANG L P, XIONG H M, et al. Hydrothermal synthesis for high-quality CdTe nanocrystals[J]. Adv Mater, 2003, 15 (20): 1712-1715.

[85] TALAPIN D V, ROGACH A L, SHEVCHENKO E V, et al. Dynamic distribution of growth rates within the ensembles of colloidal II-VI and III-V semiconductor nanocrystals as a factor governing their photoluminescence efficiency[J]. J Am Chem Soc, 2002, 124 (20): 5782-5790.

[86] HUYNH W U, DITTMER J J, ALIVISATOS A P. Hybrid nanorod-polymer solar cells[J]. Science, 2002, 295: 2425-2427.

[87] BAO H, GONG Y, LI Z, et al. Enhancement effect of illumination on the photoluminescence of water-soluble CdTe nanocrystals: toward highly fluorescent CdTe/CdS core-shell structure[J]. Chem Mater, 2004, 16 (20): 3853-3859.

[88] LI L, QIAN H F, FANG N H, et al. Significant enhancement of the quantum yield of CdTe nanocrystals synthesized in aqueous phase by

controlling the pH and concentrations of precursor solutions[J]. J Lumin，2006，116（1-2）: 59-66.

[89] QI L，CÖLFEN H，ANTONIETTI M. Synthesis and characterization of CdS nanoparticles stabilized by double-hydrophilic block copolymers[J]. Nano Lett，2001，1（2）: 61-65.

[90] LEMON B，CROOKS R M. Preparation and characterization of dendrimer-encapsulated CdS[J]. J Am Chem Soc，2000，122（51）: 12886-12887.

[91] WU X C，BITTNER A M，KERN K. Synthesis，photoluminescence，and adsorption of CdS/dendrimer nanocomposites[J]. J Phys Chem B，2005，109（1）: 230-239.

[92] DAMERON C T，SMITH B R，WINGE D R. Glutathione-coated cadmium-sulfide crystallites in Candida glabrata[J]. J Bio Chem，1989，264（29）: 17355-17360.

[93] CHAN W，NIE S. Quantum dot bioconjugates for ultrasensitive nonisotopic detection[J]. Science，1998，281（5385）: 2016-2018.

[94] BRUCHEZ M P，MORONNE M，GIN P，et al. Semiconductor nanocrystals as fluorescent biological labels[J]. Science，1998，281（5385）: 2013-2015.

[95] BEAN C P，LIVINGSTON J D. Superparamagnetism[J]. J Appl Phys，1959，30: 120-129.

[96] LU A H，SALABAS E L，SCHUTH F. Magnetic nanoparticles: synthesis，protection，functionlization，and application[J]. Angew Chem Int Ed，2007，46（8）: 1222-1244.

[97] VAUCHER S，FIELDEN J，LI M，et al. Molecule-based magnetic nanoparticles: synthesis of cobalt hexacyanoferrate，cobalt pentacyanonitrosylferrate，and chromium hexacyanochromate coordination polymers in water-in-oil microemulsions[J]. Nano Lett，2002，2（3）: 225-229.

[98] KIM D，LEE N，PARK M，et al. Synthesis of uniform ferrimagnetic magnetite nanocubes[J]. J Am Chem Soc，2009，131（2）：454-455.

[99] LI Z，WEI L，GAO M Y，et al. One-pot reaction to synthesize biocompatible magnetite nanoparticles[J]. Adv Mater，2005，17: 1001-1005.

[100] JANA N R，CHEN Y F，PENG X G. Size-and shape-controlled magnetic （Cr，Mn，Fe，Co，Ni）oxide nanocrystals via a simple and general approach[J]. Chem Mater，2004，16（20）：3931-3935.

[101] WANG X，ZHUANG J，PENG Q，et al. A general strategy for nanocrystal synthesis[J]. Nature，2005，437（7055）：121-124.

[102] STRABLE E，BULTE J W M，MOSKOWITZ B，et al. Synthesis and characterization of soluble iron oxide-dendrimer composites[J]. Chem Mater，2001，13（6）：2201-2209.

[103] SI S，KOTAL A，MANDAL T K，et al. Size-controlled synthesis of magnetite nanoparticles in the presence of polyelectrolytes[J]. Chem Mater，2004，98（2）：3489-3496.

[104] LUTZ J F，STILLER S，HOTH A，et al. One-pot synthesis of PEGylated ultrasmall iron-oxide nanoparticles and their in vivo evaluation as magnetic resonance imaging contrast agents[J]. Biomacromolecules，2006，7（11）：3132-3138.

[105] LEWIN M，CARLESSO N，TUNG C H，et al. Tat peptide-derivatized magnetic nanoparticles allow in vivo tracking and recovery of progenitor cells[J]. Nature Biotech，2000，18（4）：410-414.

[106] MORNET S，VASSEUR S，GRASSET F，et al. Magnetic nanoparticle design for medical diagnosis and therapy[J]. J Mater Chem，2004，14: 2161-2175.

[107] GAO J H，GU H W，XU B. Multifunctional magnetic nanoparticles: design，synthesis，and biomedical applications[J]. Acc Chem Res，

2009，42（8）：1097-1107.

[108] BABES L，DENIZOT B，TANGUY G，et al. Synthesis of iron oxide nanoparticles used as MRI contrast agents: a parametric study[J]. J Colloid Interf Sci，1999，212（2）：474-482.

[109] JORDAN A，SCHOLZ R，MAIER-HAUFF K，et al. Presentation of a new magnetic field therapy system for the treatment of human solid tumors with magnetic fluid hyperthermia[J]. J Magn Magn Mater，2001，225（1-2）：118-126.

[110] ZHANG Z C，ZHANG L L，CHEN L，et al. Synthesis of novel porous magnetic silica microspheres as adsorbents for isolation of genomic DNA[J]. Biotechnol Progr，2006，22（2）：514-518.

[111] BUCAK S，JONES D A，LAIBINIS P E，et al. Protein separations using colloidal magnetic nanoparticles[J]. Biotechnol Progr，2003，19（2）：477-484.

[112] Christian P. Nanomagnetosols: magnetism opens up new perspectives for targeted aerosol delivery to the lung[J]. Trends Biotechnol，2008，26（2）：59-63.

[113] SCHERER F，ANTON M，SCHILLINGER U，et al. Magnetofection enhancing and targeting gene delivery by magnetic force in vitro and in vivo[J]. Gene Ther，2002，9（2）：102-109.

[114] HUTH S，LAUSIER J，GERSTING S W，et al. Insight into the mechanism of magnetofection using PEI-based magnetofectins for gene transfer[J]. J Gene Med，2004，6（8）：923-936.

[115] GAO M Y，KIRSTEIN S，MOHWALD H，et al. Strongly photoluminescent CdTe nanocrystals by proper surface modification[J]. J Phys Chem B，1998，102（43）：8360-8363.

[116] SCHLAMP M C，PENG X，ALIVISATOS A P. Improved efficiencies in light emitting diodes made with CdSe（CdS） core/shell type nanocrystals and a

semiconducting polymer[J]. J Appl Phys，1997，82（11）：5837-5842.

[117] MATTOUSSI H，RADZILOWSKI L H，DABBOUSI B O，et al. Electroluminescence from heterostructures of poly（phenylene vinylene）and inorganic CdSe nanocrystals[J]. J Appl Phys，1998，83（12）：7965-7974.

[118] GAO M，LESSER C，KIRSTEIN S，et al. Electroluminescence of different colors from polycation/CdTe nanocrystal self-assembled films[J]. J Appl Phys，2000，87（5）：2297-2302.

[119] GREENHAM N C，PENG X，ALIVISATOS A P. Charge separation and transport in conjugated-polymer/semiconductor-nanocrystal composites studied by photoluminescence quenching and photoconductivity[J]. Phys Rev B，1996，54（24）：17628-17637.

[120] BARNHAM K，MARQUES J L，HASSARD J，et al. Quantum-dot concentrator and thermodynamic model for the global redshift[J]. Appl Phys Lett，2000，76（9）：1197-1199.

[121] ZHANG H，CUI Z，WANG Y，et al. From water-soluble CdTe nanocrystals to fluorescent nanocrystal-polymer transparent composites using Polymerizable Surfactants[J]. Adv Mater，2003，15：777-780.

[122] QI L，CÖLFEN H，ANTONIETTI M. Synthesis and characterization of CdS nanoparticles stabilized by double-hydrophilic block copolymers[J]. Nano Lett，2001，1（2）：61-65.

[123] SOOKLAL K，HANUS L H，PLOEHN H J，et al. A blue-emitting CdS/dendrimer nanocomposite[J]. Adv Mater，1998，10（14）：1083-1087.

[124] LEMON B，CROOKS R M. Preparation and characterization of dendrimer-encapsulated CdS[J]. J Am Chem Soc，2000，122（51）：12886-12887.

[125] LIU C，GAO C，YAN D. Aliphatic hyperbranched poly（amidoamine）s（PAMAMs）：preparation and modification[J]. Chem Res Chinese Univ，2005，21（3）：345-354.

[126] JONES G，JACKSON W R，CHOI C Y，et al. Solvent effects on emission yield and lifetime for coumarin laser dyes. Requirements for a rotatory decay mechanism[J]. J Phys Chem，1985，89（2）: 294-300.

[127] 郭尧君. 荧光实验技术及其在分子生物学中的应用[M]. 北京: 科学出版社，1979.

[128] BRUS L E. Electron-electron and electron-hole interactions in small semiconductor crystallites: the size dependence of the lowest excited electronic state[J]. J Chem Phys，1984，80（9）: 4403-4409.

[129] MULLER A H，PETRUSKA M A，ACHERMANN M，et al. Multicolor Light-emitting diodes based on semiconductor nanocrystals encapsulated in GaN charge injection layers[J]. Nano Lett，2005，5（6）: 1039-1044.

[130] MAMEDOV A A，BELOV A，GIERSIG M，et al. Nanorainbows: graded semiconductor films from quantum dots[J]. J Am Chem Soc，2001，123（31）: 7738-7739.

[131] KLIMOV V I，MIKHAILOVSKY A A，XU S，et al. Optical gain and stimulated emission in nanocrystal quantum dots[J]. Science，2000，290（5490）: 314-317.

[132] COE S，WOO W K，BAWENDI M，et al. Electroluminescence from single monolayers of nanocrystals in molecular organic devices[J]. Nature，2002，420（6917）: 800-803.

[133] SUNDAR V C，EISLER H J，BAWENDI M G. Room-temperature，tunable gain media from novel II-VI nanocrystal-titania composite matrices[J]. Adv Mater，2002，14（10），739-743.

[134] HUYNH W U，DITTMER J J，LIBBY W C，et al. Controlling the morphology of nanocrystal-polymer composites for solar cells[J]. Adv Funct Mater，2003，13（1）: 73-79.

[135] PENG X G，MANNA L，YANG W D，et al. Shape control of CdSe nanocrystals[J]. Nature，2000，404（6773）: 59-61.

[136] DENG Z T，LIE F L，SHEN S Y，et al. Water-based route to ligand-delective synthesis of ZnSe and Cd-doped ZnSe quantum dots with tunable ultraviolet A to blue photoluminescence[J]. Langmuir，2009，25（1）：434-442.

[137] YU W W，CHANG E，FALKNER J C，et al. Forming biocompatible and nonaggregated nanocrystals in water using amphiphilic polymers[J]. J Am Chem Soc，2007，129（10）：2871-2879.

[138] STEIGERWALD M L，BRUS L E. Semiconductor crystallites: a class of large molecules[J]. Acc Chem Res，1990，23（6）：183-188.

[139] ALIVISATOS A P. Semiconductor clusters，nanocrystals，and quantum dots[J]. Science，1996，271（5251）：933-937.

[140] WELLER H. Colloidal semiconductor Q-particles: chemistry in the transition region between solid state and molecules[J]. Angew Chem Int Ed，1993，32（1）：41-53.

[141] DABBOUSI B O，RODRIGUEZ-VIEJO J，MIKULEC F V，et al.（CdSe）ZnS core-shell quantum dots: synthesis and characterization of a size series of highly luminescent nanocrystallites[J]. J Phys Chem B，1997，101（46）：9463-9475.

[142] CHEYNE R B，MOFFITT M G. Hierarchical nanoparticle/block copolymer surface features via synergistic self-assembly at the air-water interface[J]. Langmuir，2005，21（23）：10297-10300.

[143] CHECHIK V，ZHAO M，CROOKS R M. Self-assembled inverted micelles prepared from a dendrimer template phase transfer of encapsulated guests[J]. J Am Chem Soc，1999，121（20）：4910-4911.

[144] CHUN D，WUDL F，NELSON A. Supramolecular selfassembly driven by complementary molecular recognition[J]. Macromolecules，2007，40：1782-1785.

[145] CHEN Y，SHEN Z，FREY H，et al. Synergistic assembly of

hyperbranched polyethylenimine and fatty acids leading to unusual supramolecular nanocapsules[J]. Chem Commun，2005，14（6）: 755-757.

[146] STIRIBA S E，KAUTZ H，FREY H. Hyperbranched molecular nanocapsules comparison of the hyperbranched architecture with the perfect linear analogue[J]. J Am Chem Soc，2002，124（33）: 9698-9699.

[147] RADOWSKI M R，SHUKLA A，BERLEPSCH H，et al. Supramolecular aggregates of dendritic multishell architectures as universal nanocarriers[J]. Angew Chem Int Ed，2007，46（8）: 1265-1269.

[148] KUMAR K R，BROOKS D E. Comparison of hyperbranched and linear polyglycidol unimolecular reverse micelles as nanoreactors and nanocapsules[J]. Macromol Rapid Commun，2005，26（3）: 155-159.

[149] POUTON C W，SEYMOUR L W. Key issues in non-viral gene delivery[J]. Adv Drug Deliver Rev，2001（46）: 187-203.

[150] WONG S Y，PELET J M，PUTNAM D. Polymer systems for gene delivery-past，present and future[J]. Prog Polym Sci，2007，32（8-9）: 799-837.

[151] MORILLE M，PASSIRANI C，VONARBOURG A，et al. Progress in developing cationic vectors for systemic gene therapy against cancer[J]. Biomaterials，2008，29（24-25）: 3477-3496.

[152] LIU F，HUANG L. Development of non-viral vectors for systemic gene delivery[J]. J Control Release，2002，78（1-2）: 259-266.

[153] TANG G P，ZENG J M，GAO S J，et al. Polyethylene glycol modified polyethylenimine for improved CNS gene transfer: effects of PEGylation extent[J]. Biomaterials，2003，24（13）: 2351-2362.

[154] BROWN M D，SCHÄTZLEIN A G，UCHEGBU I F. Gene delivery with synthetic（non-viral）carriers[J]. Int J Pharm，2001，229（1-2）: 1-21.

[155] PARK T G，JEONG J H，KIM S W. Current status for polymeric gene delivery systems[J]. Adv Drug Deliver Rev，2006，58（4）: 467-486.

[156] SCHMIDT-WOLF G D, SCHMIDT-WOLF I G H. Non-viral and hybrid vectors in human gene therapy: an update[J]. Trends Mol Med, 2003, 9 (2): 67-72.

[157] GERSTING S W, SCHILLINGER U, LAUSIER J, et al. Gene delivery to respiratory epithelial cells by magnetofection[J]. J Gene Med, 2004, 6 (8): 913-922.

[158] MUTHANA M, SCOTT S D, FARROW N, et al. A novel magnetic approach to enhance the efficacy of cell-based gene therapies[J]. Gene Ther, 2008, 15 (12): 902-910.

[159] CHEN G H, CHEN W J, WU Z, et al. MRI-visible polymeric vector bearing CD3 single chain antibody for gene delivery to T cells for immunosuppression[J]. Biomaterials, 2009, 30 (10): 1962-1970.

[160] BELESSI V, ZBORIL R, TUCEK J, et al. Ferrofluids from magnetic-chitosan hybrids[J]. Chem Mater, 2008, 20 (10): 3298-3305.

[161] ZHANG J G, XU S Q, KUMACHEVA E. Polymer microgels: reactors for semiconductor, metal, and magnetic nanoparticles[J]. J Am Chem Soc, 2004, 126 (25): 7908-7914.

[162] LIN C L, LEE C F, CHIU W Y. Preparation and properties of poly (acrylic acid) oligomer stabilized superparamagnetic ferrofluid[J]. J Colloid Interface Sci, 2005, 291 (2): 411-420.

[163] ZHU L P, XIAO H M, ZHANG W D, et al. One-pot template-free synthesis of monodisperse and single-crystal magnetite hollow spheres by a simple solvothermal route[J]. Crystal growth & design, 2008, 8 (3): 957-963.

[164] ALEXEY S, BENITO R G, JESSICA P, et al. Shape control in iron oxide nanocrystal synthesis, induced by trioctylammonium ions[J]. Chem Mater, 2009, 21 (7): 1326-1332.

[165] KIM D K, MIKHAYLOVA M, ZHANG Y, et al. Protective coating of

superparamagnetic iron oxide nanoparticles[J]. Chem Mater，2003，15（8）：1617-1627.

[166] WAN S R，HUANG J S，YAN H S，et al. Size-controlled preparation of magnetite nanoparticles in the presence of graft copolymers[J]. J Mater Chem，2006，16（3）：298-303.

[167] CHENG N，LIU W G，CAO Z Q，et al. A study of thermoresponsive poly（N-isopropylacrylamide）/polyarginine bioconjugate non-viral transgene vectors[J]. Biomaterials，2006，27（28）：4984-4992.

[168] MINTZER M A，SIMANEK E E. Nonviral vectors for gene delivery[J]. Chem Rev，2009，109（2）：259-302.

[169] LIN Y，SKAFF H，EMRICK T，et al. Nanoparticle assembly and transport at liquid-liquid interfaces[J]. Science，2003，299（5604）：226-229.

[170] LIN Y，BOKER A，SKAFF H，et al. Nanoparticle assembly at fluid interfaces，structure and dynamics[J]. Langmuir，2005，21（1）：191-194.

[171] LIN Y，SKAFF H，BÖKER A，et al. Ultrathin cross-linked nanoparticle membranes[J]. J Am Chem Soc，2003，125（42）：12690-12691.

[172] CHEYNE R B，MOFFITT M G. Controllable organization of quantum dots into mesoscale wires and cables via interfacial block copolymer self-assembly[J]. Macromolecules，2007，40（6）：2046-2057.

[173] BALAZS A C，EMRICK T，RUSSELL T P. Nanoparticle polymer composites，where two small worlds meet[J]. Science，2006，314（5802）：1107-1110.

[174] KERIM M，ASFURA G，CONSTANTINE C A，et al. Characterization and 2D self-assembly of CdSe quantum dots at the air-water interface[J]. J Am Chem Soc，2005，127（42）：14640-14646.

[175] ZOU S，HONG R，EMRICK T，et al. Ordered CdSe nanoparticles within self-assembled block copolymer domains on surfaces[J]. Langmuir，2007，

23（4）: 1612-1614.

[176] BENKOSKI J J，JONES R L，DOUGLAS J F，et al. Photocurable oil/water interfaces as a universal platform for 2-D self-assembly[J]. Langmuir，2007，23（7）: 3530-3537.

[177] KURTH D G，LEHMANN P，LESSER C. Engineering the surface chemical properties of semiconductor nanoparticles: surfactant-encapsulated CdTe-clusters[J]. Chem Commun，2000: 949-950.

[178] TANG Z，ZHANG Z，WANG Y，et al. Self-assembly of CdTe nanocrystals into free-floating sheets[J]. Science，2006，314（5797）: 274-278.

[179] REINCKE F，KEGEL W K，ZHANG H，et al. Understanding the self-assembly of charged nanoparticles at the water-oil interface[J]. Phys Chem Chem Phys，2006，8（33）: 3828-3835.

[180] REINCKE F，HICKEY S G，KEGEL W K，et al. Spontaneous assembly of a monolayer of charged gold nanocrystals at water-oil interface[J]. Angew Chem Int Ed，2004（43）: 458-462.

[181] LI Y J，HUANG W J，SUN S G. A universal approach for the self-assembly of hydrophilic nanoparticles into ordered monolayer films at a toluene/water interface[J]. Angew Chem Int Ed，2006，45（16）: 2537-2539.

[182] DUAN H，WANG D，KURTH D G，et al. Directing self-assembly of nanoparticles at water-oil interfaces[J]. Angew Chem Int Ed，2004，43: 5639-5642.

[183] DUAN H，WANG D，SOBAL N S，et al. Magnetic colloidosomes derived from nanoparticle interfacial self-assembly[J]. Nano Lett，2005，5（5）: 949-952.

[184] WANG J，WANG D，SOBAL N S，et al. Stepwise directing of nanocrystals to self-assemble at water-oil interfaces[J]. Angew Chem Int Ed，2006，45: 7963-7966.

[185] XU J，XIA J，LIN Z. Evaporation-induced self-assembly of nanoparticles from a sphere-on-flat geometry[J]. Angew Chem Int Ed，2007，46: 1860-1863.

[186] WYRWA D，BEYER N，SCHMID G. One-dimensional arrangements of metal nanoclusters[J]. Nano Lett，2002，2（4）: 419-421.

[187] LI L，QIAN H F，REN J. Rapid synthesis of highly luminescent CdTe nanocrystals in the aqueous phase by microwave irradiation with controllable temperature[J]. Chem Commun，2005，28（4）: 528-530.

[188] JANSEN J F G A，DE BRABANDER-VAN DEN BERG E M M，MEIJER E W. Encapsulation of guest molecules into a dendritic Box[J]. Science，1994，266（5188）: 1226-1229.

[189] KRÄMER M，KOPACZYNSKA M，KRAUSE S，et al. Dendritic polyamine architectures with lipophilic shells as nanocompartments for polar guest molecules，a comparative study of their transport behavior[J]. J Poly Sci A，2007，45（11）: 2287-2303.

[190] KLEIJ A W，VAN DE COEVERING R，GEBBINK R J M K，et al. Polycationic（mixed） core-shell dendrimers for binding and delivery of inorganic/organic substrates[J]. Chem Eur J，2001，7（1）: 181-192.

缩写说明

缩写	全称
AFM	原子力显微镜
DLS	动态光散射
DSC	示差扫描量热分析
EDS	X射线能谱
FT-IR	傅里叶红外变换光谱
HPAMAM	超支化聚酰胺-胺
HPAMAM-PC	十六烷基酰氯封端的超支化聚酰胺-胺
HP-EDAMA3	丙烯酸甲酯和乙二胺摩尔比为3:1条件下合成的超支化聚酰胺-胺
HPEI	超支化聚乙烯亚胺
HRTEM	高分辨透射电镜
Mag-HPEI	由聚乙烯亚胺超支化聚合物原位制备的磁纳米晶体/聚乙烯亚胺复合物
NCs	纳米晶体
NMR	核磁共振
PL	荧光光谱
QDs	量子点
SAED	选区电子衍射
TEM	透射电镜
TGA	热失重分析
UV-Vis	紫外-可见光光谱
XRD	X射线衍射
XPS	X射线光电能谱